Klaus Schuster

Wenn Manager Mist bauen

»Reden ist Silber, Handeln ist Gold.«

Das bessere Sprichwort

»No action, no satisfaction.«

Mick Jagger, Action Manager

Klaus Schuster

Wenn Manager Mist bauen

Die fünf schlimmsten Fehler – und wie Sie diese verhindern

REDLINE | VERLAG

Bibliografische Information der Deutschen Nationalbibliothek:
Die Deutsche Nationalbibliothek verzeichnet diese Publikation in der Deutschen Nationalbibliografie; detaillierte bibliografische Daten sind im Internet über **http://d-nb.de** abrufbar.

Für Fragen und Anregungen:
schuster@redline-verlag.de

1. Auflage 2014

Nymphenburger Straße 86
D-80636 München
Tel.: 089 651285-0
Fax: 089 652096

Redaktion: Ulrike Kroneck, Melle-Buer
Umschlaggestaltung: Pamela Machleidt, München
Umschlagabbildung: shutterstock.com
Satz: Georg Stadler, München
Druck: CPI, Ebner & Spiegel, Ulm
Printed in Germany

ISBN Print 978-3-86881-530-6
ISBN E-Book (PDF) 978-3-86414-636-7
ISBN E-Book (EPUB, Mobi) 978-3-86414-637-4

Weitere Informationen zum Verlag finden Sie unter

www.redline-verlag.de

Beachten Sie auch unsere weiteren Imprints unter
www.muenchner-verlagsgruppe.de

Inhalt

Vorwort: Vom Mist im Management

Warum bauen Manager so viel Mist?

Man braucht bloß die Zeitung aufzuschlagen, um die neuesten anrüchigen Meldungen aus dem Management zu lesen. Man braucht lediglich vertraulich mit Managern und Mitarbeitern zu reden, um zu hören: »Die da oben machen so viel Unfug – das können wir gar nicht alles ausbügeln!« Warum bauen Manager so viel Mist?

Weil sie geldgeil sind? Das ist die Lieblingsthese mancher Politiker. Weil sie inkompetent sind? Das vermuten Leitartikler. Ich berate, coache und trainiere seit zig Jahren Führungskräfte aller Branchen und Ebenen und kann sagen: Ich kenne nur ganz wenige Manager, die gierig oder dumm sind. Aber ich werde täglich mit jeder Menge Mist im Management konfrontiert und ständig fragen mich Führungskräfte: »Bei uns läuft so viel schief! Woher kommt das? Was ist die Ursache?« Ich kann jeden einzelnen Bockmist binnen Kurzem abstellen – darauf bin ich stolz, von dieser Fähigkeit lebe ich. Aber was *die eigentliche* Ursache, der Single Most Important Factor für die Entstehung so vieler unterschiedlich müffelnder Arten von Mist im Management ist – ich hätte es nicht sagen können. Bis zu jenem schicksalhaften Tag am Zoo.

An diesem Wintertag machten meine Gattin und ich einen Abendspaziergang am Tiergarten unserer Stadt vorbei. Wir sahen, wie Hunderte Autos den verschneiten Parkplatz verließen. Nur ein kleiner blauer Renault steckte in einem Schneeloch fest und fräste festgefahren in verzweifeltem Falsett sein Reifenprofil ab. Nach etlichen vergeblichen Anläufen versuchte seine ältere Fahrerin mit bloßen Händen, das Rad auszugraben. Links und rechts strömten die Zoobesucher an ihr vorbei.

Manche ignorierten sie pointiert, andere schauten mitleidig auf sie herab, etliche gaben gute Ratschläge (»Fußmatte drunterlegen!«), einige Jugendliche kühlten ihr Mütchen mit Sprüchen wie »Na, Omi, noch 'ne Runde Fitness?«.

Es müssen Hunderte Besucher an ihr vorbeigelaufen sein und meine Frau und ich waren bereits auf dem Weg zu ihr, als ein junger Mann aus der vorbeiströmenden Menge trat. Er bat die Frau, hinter dem Steuer Platz zu nehmen, das Beifahrerfenster herunterzulassen und im zweiten Gang sacht anzufahren. Er stemmte seine linke Schulter gegen den Rahmen des Fensters, hob das kleine Auto aus der Federung und lupfte es aus dem Loch. Der Motor heulte, das rechte Rad bekam Grip, der Wagen schoss pfeilartig aus dem Loch und die Fahrerin schlingerte mit quietschenden Pneus über den Platz. Der junge Mann drehte sich um, ließ seinen Blick über die ignorante Menschenmenge schweifen und als sein strahlender Blick den meinen traf, spürte ich nicht nur die geballte Ladung seiner Verachtung für die hirnlose Menge, sondern buchstäblich den Blitz der Erkenntnis einschlagen: Heureka!

Heute noch bereue ich, dass ich den Namen des jungen Mannes nicht erfragt, mich nicht bei ihm bedankt habe. Denn er lieferte an jenem kalten Wintertag die perfekte Metapher und die monokausale Erklärung für den gesammelten Mist im Management: Die Welt ist nicht »komplex!« Die Dinge verändern sich nicht »dynamisch«! Ganz im Gegenteil: Jeder Halbidiot sieht heute, was getan werden müsste – aber er tut es nicht. Der Renault steckte jaulend fest. Es war allen, wirklich allen klar, was getan werden musste – genau darin bestand die Banalität des Problems! Aber: Es wurde – aus welchen Gründen auch immer – nichts getan. So läuft das heute in Politik, Gesellschaft, Unternehmen, Vereinen und Familien: Es muss was getan werden – aber es wird nicht gemacht. Es wird nicht gehandelt, nicht entschieden, nicht umgesetzt, nicht realisiert. Um es mit Mick Jagger zu sagen: »No action – no satisfaction.«

Was wir heutzutage im Management erleben, ist gepflegte und geschäftige Passivität, ist gut getarnte Inaktivität, das Gegenteil von Action Management – um dem Phänomen ein Branding-Etikett zu verpassen. Es wird heutzutage wahnsinnig viel gelabert, analysiert, geplant, gemeetet – aber bewegt wird nur noch wenig und das dann oft zu langsam und zu kompliziert. Manager wurschteln munter vor sich hin. Aber sie tun nicht (mehr), was getan werden muss. Warum nicht?

Was hält intelligente, kompetente Führungskräfte, Hochleister, Leistungsträger, High Potentials, Young Professionals, Mütter, Väter und andere vernünftige Leute davon ab, das zu tun, was getan werden muss? Das hat viele Gründe? Nein. Es gibt nur fünf! Wenn Manager Mist bauen, wenn es sie der Länge nach auf die Nase legt, sind daran nur fünf Ausrutscher schuld. Diese fünf Ausrutscher sind allgegenwärtig. Und: Sie sind vermeidbar. Genau das tun wir auf den folgenden Seiten. Wir vermeiden sie.

Wenn Sie am Ende dieses Buches angelangt sind, werden Sie weiterhin viele Vorgesetzte, Konkurrenten und Kollegen ausrutschen und sich flachlegen sehen. Ihnen selbst wird das nicht mehr passieren. Weder im Beruf noch im Privatleben. Das ist das Versprechen, das ich Ihnen gebe.

Dieses Versprechen werde ich einlösen.

Jetzt.

Teil I – Die fünf schlimmsten Fehler

Der Action Manager

»You recognize the right thing fairly easily: All the idiots fight it!«

Norman S., Group Product Manager

»Wenn du wirklich was drauf hast, hast du jede Menge Feinde.
Sei stolz drauf.«

Julie N., Abteilungsleiterin

Managen Sie noch oder bewegen Sie schon?

Alle guten Menschen spüren den Action Impuls. Sie sehen den Müll, sie tragen ihn runter. Sie sehen den Renault, sie schieben ihn raus. Nur so werden Probleme gelöst und Aufgaben erfüllt. Das ist selbstverständlich? Genau das ist es nicht. Nicht mehr. Nicht in unserer Zeit. Das Leistungsprinzip wurde schon lange abgeschafft. Es hat bloß noch keiner gewagt, das laut aufzuschreiben. Leistung lohnt sich? Träum weiter! Heute gilt:

Action Fact

Wer anpackt, wird bestraft!

Zum Beispiel Beate. Sie ist Abteilungsleiterin bei einem internationalen Konzern. Zurzeit stehen die Zeichen auf Sturm, ein A-Kunde droht mit Absprung. Der Vertriebsleiter ruft die Mächtigen des Konzerns zu einem Eskalationsmeeting (tolles Buzzword) zusammen, mehrere Millionen Jahresgehalt sind versammelt. Beate liest die Einladung und stutzt: Das Meeting hat keine Agenda. Niemandem sonst scheint das aufzufallen. Das Meeting startet.

Der Vertrieb moniert die wenig attraktive Produktpalette. Das Produktmanagement wirft dem Verkauf vor, den Deal verschlafen zu haben. Der Chefcontroller meint, die Logistik sei zu langsam. Für alles findet man eine Erklärung. Schließlich kennt man sich aus. Man weiß, was zu tun ist. Das leitende Vorstandsmitglied betrachtet das Meeting als Erfolg und will es eben beenden, da fragt Beate: »Wer führt denn nun bis wann welche Aktion durch und wer verantwortet jeweils die Aktionen?« Antwort des Vorstandsmitglieds: »Lassen Sie mal gut sein! Es wissen doch alle, was zu tun ist. Belasten Sie unsere Initiative bitte nicht mit unnötiger Bürokratie!« Beate kriegt den Mund nicht zu. Sie ist, mal wieder, fassungslos.

Action Fact

Sie wollen was bewegen? Viel Glück auch!

Beate will etwas bewegen und kriegt prompt eins aufs Maul. Wenn Beate brav mitlabern würde in Meetings, würde man sie in Ruhe lassen und befördern, »bebonussen« und bespaßen wie alle anderen mitlaufenden Mistbauer auch. Wenn sie dagegen etwas bewegen möchte und darauf hinweist, dass jede Maßnahme ein Ziel und einen Verantwortlichen braucht, kriegt sie Ärger und mindert ihre Karriereaussichten (weswegen viele Führungsfrauen irgendwann entnervt aufgeben – Männer gehen in die innere Emigration). Das ist pervers? Nein, das ist modernes Management: Wer wirklich etwas bewegen will, wird abgestraft – zur Hölle mit den Konsequenzen! Diese waren in Beates Fall drastisch.

Den Kunden, um den es im Meeting ging, hat der Konzern verloren. Natürlich. Nasenlandung. Weil einige der besprochenen Aktionen nicht durchgeführt wurden. Nicht aus bösem Willen, sondern weil sich keiner so recht dafür zuständig fühlte. Zuständigkeit war auch nicht Thema des »Eskalationsmeetings«. Zuständigkeit ist ein Fremdwort für Mistbauer. Das finden Sie ein wenig hart formuliert? Dann sollten Sie mal Beate hören.

Beate tobt mindestens zweimal die Woche: »Was soll man mit solchen Vorgesetzten anfangen? In den Orbit schießen? Die ruinieren unser Business! Die fahren Kunden sauer! Wir verlieren Millionen Umsatz, bloß weil die zu dämlich sind, in einem Meeting Verantwortlichkeiten festzulegen!« Sie können Beates Wut verstehen? Das ist ein Hinweis darauf, dass Sie kein gewöhnlicher

Mensch sind. Dass Sie über eine seltene Schlüsselfähigkeit verfügen. Wollen Sie es genauer wissen?

Sind Sie ein Action Manager?

Selbstverständlich meine ich im Folgenden immer auch »Managerin«, wenn ich »Manager« sage. Aber das dachten Sie sicher schon, nicht wahr? Das folgende Item-Inventar ist einfach zu bedienen. Kreuzen Sie an, welcher Aussage Sie spontan und aus dem Bauch heraus *stark* zustimmen:

- ❑ Das Wichtigste bei der Arbeit sind exakt definierte Aufgaben und Ziele.
- ❑ Das Wichtigste bei der Arbeit ist, dass was vorangeht.
- ❑ Mich ärgert, wenn Dinge nicht den geregelten Gang gehen.
- ❑ Es ärgert mich, wenn die Dinge nicht vorwärtskommen.
- ❑ Es kommt darauf an, was man reinsteckt.
- ❑ Es kommt darauf an, was dabei rauskommt.
- ❑ Am Ende des Tages kommt es darauf an, wie wir dastehen.
- ❑ Am Ende des Tages kommt es darauf an, was ich heute konkret zum Unternehmenserfolg beigetragen habe.
- ❑ Meetings müssen sein.
- ❑ Es wird zu viel gelabert und zu wenig angepackt.
- ❑ Immer zuerst: gründliche Analyse!
- ❑ Analyse ist wichtig, Handeln ist wichtiger.
- ❑ Hauptsache, es geht was!
- ❑ Aktionismus ist nicht Effektivität.
- ❑ Wer schreibt, der bleibt.
- ❑ Die Menge seiner Aktennotizen ist kein Beleg für die Wirksamkeit eines Managers.
- ❑ Die beste Lösung gewinnt!
- ❑ Es ist mir egal, von wem die beste Lösung kommt: Ich setze sie um.
- ❑ Vorbereitung ist die halbe Miete!

- ❑ Ich weiß, was Paralysis through Analysis ist.
- ❑ Schnelle Lösungen sind gute Lösungen.
- ❑ Richtige Lösungen sind gute Lösungen.
- ❑ Man muss den Mitarbeitern sagen, was getan werden soll.
- ❑ Angewiesen heißt nicht ausgeführt!
- ❑ Zeitnahe Beschlüsse sind entscheidend.
- ❑ Beschlossen heißt nicht umgesetzt!
- ❑ Ein guter Chef hat alles im Blick.
- ❑ Ein Vorgesetzter, der die Kundenkorrespondenz korrigiert, gehört gefeuert!
- ❑ Möglichst viele Projekte anstoßen!
- ❑ Was ich anpacke, ziehe ich durch – oder beende es.
- ❑ Ich habe ständig ein Dutzend Projekte am Laufen.
- ❑ In meinem Führungsbereich gibt es keine U-Boot-Projekte.
- ❑ Neue Ideen sind gute Ideen.
- ❑ Ideen sind nur so gut wie ihre Realisierung und Wirkung.
- ❑ Status und Gehalt sind der Spiegel meiner Kompetenz.
- ❑ Ich möchte Dinge bewegen, zum Besseren verändern.
- ❑ Kein Status quo ist perfekt.
- ❑ Ich weigere mich, Missstände hinzunehmen.
- ❑ Generelle Lösungen sind bessere Lösungen.
- ❑ Wie der Bayer sagt: A bissel was geht immer …
- ❑ Status spricht Bände.
- ❑ Erfolg schlägt Status.
- ❑ Ich bin gut.
- ❑ Ich will besser werden.
- ❑ Anordnungen sind Anordnungen.
- ❑ Es ist manchmal klüger, danach um Entschuldigung als davor um Erlaubnis zu bitten.
- ❑ Ich bemühe mich um das Commitment der zuständigen Stellen.

- ❏ Ich bin nicht an Zuständigkeit, sondern an Ergebnissen interessiert.
- ❏ Ich arbeite gerne mit fachkompetenten Kollegen zusammen.
- ❏ Ich arbeite gerne mit Menschen zusammen, die anpacken.

Zunächst: Ich bitte um Entschuldigung. Dieser Test war hinterhältig. Ich kenne Manager mit MBA, die bei diesem Test so was von durchrasseln … Einige erkennen bis zum letzten Item nicht das Konstruktionsprinzip dieses Röntgengerätes für Managementkompetenz. Schon nach wenigen Statements war Ihnen das klar? Gratuliere!

Gut erkannt: Der Test ist dichotomisch aufgebaut. Jedes erste Statement ist typisch für Passivmanager, weil es zur Passivität aufruft oder sie implizit zu rechtfertigen sucht. Jeweils jedes zweite Statement ist typisch Action Manager, weil es zur Tat, zum Handeln aufruft. Wenn einige Items unklar sind: Sie klären sich im weiteren Verlauf des Buches. Natürlich stimmen alle aufgeführten Aussagen! Die ersten wie die jeweils zweiten. Analyse ist wichtig! Meetings sind wichtig! Aber wenn sie wichtiger werden als die Tat, die Action, das Bewegen, das Verändern, das Erreichen – dann baut der Manager Mist und dann haben wir das Management, das wir gerade umfänglich erleben: Die Löwen wollen etwas bewegen – aber die Affen regieren den Zoo.

Die Affen regieren den Zoo

Und alle sind zufrieden damit. Könnte man meinen. Da steckt ein kleiner blauer Renault im Schneeloch fest, die Fahrerin ist verzweifelt – aber keiner hilft, Hunderte ziehen feixend an ihr vorüber, was ist schon dabei? Da droht ein Zwölfender mit Absprung, doch der halbe Vorstand labert nur dumm rum, verzichtet auf konkrete Ziele und Zuständigkeiten – aber was soll's? Juckt doch keinen! Wer im Management etwas bewegen will, ist selber schuld. Das ist eben nicht mehr möglich in unseren Zeiten! Die Affen sind offensichtlich in der Mehrheit, die Löwen in der Minderheit. Ich konnte das lange nicht glauben. Ich wollte es nicht. Ich konnte es nicht fassen, nicht verstehen.

Deshalb lud ich vor Monaten einige Hundert Führungskräfte ein, mir von den Affen in ihrem Zoo zu berichten. Ich dachte: »Wenn die Mehrheitsverhältnisse so sind wie vor dem Zoo in Ljubljana oder bei Beate im Vorstand, antworten sicher nur ein, zwei Dutzend. Denn niemand redet gerne über so eine Misere.« Wie ich mich täuschen sollte!

Innerhalb weniger Tage brach ein Wut-Tsunami los, der meine Mailbox bersten ließ. Die Führungskräfte tobten sich in einer Art und Weise bei mir aus, wie ich es noch nie erlebt hatte. Der Rücklauf betrug das Zehnfache dessen, was kommerzielle Umfragen erzielen, wie mir ein befreundeter Marktforscher grün vor Neid versicherte. Er bot mir einen fünfstelligen Betrag für die Ergebnisse. Ich kann verstehen, warum (natürlich habe ich abgelehnt, was denken Sie?): Die Ergebnisse sind explosiver als ein Knallfrosch in der Feuerwerksfabrik.

Denn unter ihresgleichen und dem Siegel der Anonymität berichteten die befragten Führungskräfte und High Potentials, wie es tatsächlich zugeht in Management und Business, woher Lehman, Fukushima und der Euro-Crash wirklich kommen. An dieser Stelle meinen herzlichen Dank an Sie alle: Das ist Ihr Buch. Anonymisiert wurden die Berichte aus einem simplen Grund: Wenn herauskommt, wer hier die Wahrheit über den Mist im Management sagt, sind der- und diejenige ihren Job los. Also habe ich die Berichterstatter des Action Managements bis zur sprichwörtlichen Unkenntlichkeit anonymisiert (you know who you are). Deshalb heißt Beate (s. o.) im echten Leben auch nicht Beate. Beate ist noch nicht einmal eine Frau – aber wenigstens hat »Beate« noch ihren Job. Was pervers ist. Warum muss Beate um ihren Job bangen, während ihr munter laberndes Vorstandsmitglied lustig weiter Unfug treiben, fahrlässig Kunden verlieren und Umsatz vernichten darf?

Und so geht das nicht bloß in Beates Unternehmen zu. In vielen Unternehmen haben inzwischen die Passivmanager das Ruder übernommen, bestimmen den Kurs, haben das Sagen, verteilen Boni, Projekte und Beförderungen. Und natürlich bevorzugen Passivmanager andere Passivmanager. So reproduziert sich der Planet der Affen ständig selbst. Verdammte Affen – Vorsicht! Ich habe wie Sie einen heiligen Zorn auf alle Bremser, Verhinderer und Betonköpfe, die am traurigen Zustand unserer Welt schuld sind. Aber wenn wir jetzt munter über die Affen im Management schimpften, würden wir eine entscheidende Frage übersehen: Woher kommt die ganze Affenbande?

Warum werden gute Manager schlecht?

Beates Story ist schockierend. Der Schock verdoppelt sich, wenn man weiß: Das leitende Vorstandsmitglied, das in besagtem Meeting diesen Riesenbockmist produzierte, war als Jungmanager top. Wenn damals ein Kunde abzuspringen drohte, ließ er nicht in wohlfeilen Meetings halbgare Schuldzuweisungen sammeln, sondern fuhr eigenhändig raus zum Kunden und holte ihn wieder ins Boot. Heute tut er das nicht mehr. Er bewegt fast nichts mehr. Er bremst und bewahrt hauptsächlich. Wie konnte das passieren? Wie wurde ein so guter Manager so schlecht?

Niemand stellt diese Frage. Die meisten Berater, Coaches, Ratgeber und Führungskräfte selbst kreisen um die Frage: Wie können Führungskräfte besser werden? Warum es so viele schlechte Führungskräfte gibt, scheint kaum jemanden zu interessieren (bis auf deren Opfer). Dabei sollte uns diese Frage brennend interessieren: Denn wenn ein so toller Jungmanager plötzlich schlecht wird – droht uns dann diese Gefahr auch? Ist Bockmist ansteckend?

Wenn gute Manager schlecht werden – wie geht das? Werden sie schlecht wie Obst nach zwei Wochen? Wie Fleisch an der Sonne? Sicher kennen auch Sie einige Menschen, die früher ganz patent waren, mit hohem Potenzial, die was bewegt haben, aber heute keine Wurst mehr vom Teller ziehen, Unfug reden, kaum mehr (rechtzeitig) entscheiden und sich dauernd irgendwelche Ausrutscher leisten. What happened? Wurden sie über Nacht impotent? Wurden sie korrupt? Das ist die Lieblingserklärung einiger Politiker und Redakteure und wenn es so einfach wäre, wäre das prima. Doch der Vorstand in Beates Beispiel nahm kein Bestechungsgeld dafür, dass er sich in peinlichster Weise auf die Nase legte. Auch er war einmal ein Löwe. Heute macht er sich zum Affen. Was ist passiert? Ist er wirklich korrupt? Nein, er ist ausgerutscht.

Action Fact

Gute Manager werden nicht schlecht. Sie rutschen aus.

Genau das ist das Gefährliche daran: Nicht nur die Idioten und Affen rutschen ständig aus. Ausrutschen können wir alle. Es gibt so vieles, worauf man täglich achten muss – und deshalb so vieles, wobei man sich auf die Nase legen kann. Wirklich? Nein. Es gibt nicht unendlich viele Stolperfallen für Manager. Die Hunderte Geschichten und Berichte von Führungskräften, die mich seit der Zoo-Episode erreichten, lassen keinen anderen Schluss zu: Es gibt nur fünf Ausrutscher im Management. Die folgenden fünf Kapitel bewahren Sie vor diesen Rutschfallen. Damit Sie aufrecht bleiben. In jedem Sinne.

Der Frust der Führungskräfte

Bis heute schreiben mir Managerinnen und Manager über den Frust, den sie mit den »Affen im Zoo« erleben. Immer noch laufen Berichte ein. Die beeindruckendsten Statements finden Sie jeweils am Kapitelende. Noch einmal meinen herzlichen Dank an alle Zitatgeber: Ihr seid klasse. Echte Action Manager.

»Die erste Ebene agiert plan- und ziellos, die zweite Ebene versucht zu retten, was zu retten ist.«

»Ich glaube, dass Action Management bei uns nur so lange funktioniert, wie das Unternehmen in Notlage ist. Der Satz ›Verhalt dich mal ruhig!‹ fällt bereits, sobald wir irgendwie eine schwarze Null schreiben.«

»Action Management funktioniert bei uns nicht, weil Action Manager Erfolg haben und jeder Erfolg bei uns die Neider auf den Plan ruft. Sie fürchten, dass jeder merkt, dass sie keine solchen Erfolge vorweisen können. Erfolge machen einsam.«

»Ich kenne bei uns leider keinen persönlich, der den Titel Action Manager in vollem Umfang verdient hätte.«

»Action Management? Heutige Führungsmannschaften werden mit Reportings und Meetings beschäftigt. Dabei herrscht eine Detailbesessenheit, die unnötig ist. Wie oft sitzt man im Meeting und fragt sich: Was mache ich hier? Was soll das bringen? Warum sitzen hier x Personen, die nichts dazu beitragen können? Was soll überhaupt das Ergebnis sein?«

»Wir maximieren nicht Wertschöpfung, wir maximieren Meetings.«

Fehler 1:
Hybris – »Ich bin Gott! Ich weiß alles!«

»There are none so blind
as those who refuse to see.«

Amerikanisches Sprichwort

»Wenn man keine Zeit hat, so kann man sich Zeit nehmen, und dies ist so offensichtlich nur eine Frage der Bedeutung, die man einer Tätigkeit beimisst, dass sich eine weitere Erklärung, wie man sich Zeit nimmt, erübrigt.«

Erich Fromm

»If you see a chance, take it.«

Steve Winwood

»Der Erfolgreichere unterscheidet sich vom weniger Erfolgreichen nicht dadurch, dass er fleißiger ist oder fauler – das kann es manchmal auch sein –, sondern in erster Linie, dass er mehr sieht als der andere. Weil er sorgfältiger beobachtet.«

Götz W. Werner, dm-Gründer

Warum legen sich Manager auf die Nase?

Häufigste Antwort: »Weil sie etwas falsch machen! Weil sie die falschen Entscheidungen treffen!« Das glauben viele. Wer das glaubt, legt sich munter weiter auf die Nase.

> **Action Fact**
>
> Manager rutschen nicht aus, weil sie etwas falsch *machen*, sondern weil sie zunächst etwas falsch *sehen*.

Vor einiger Zeit entwickelten zum Beispiel zwei junge Techniker eines IT-Unternehmens ein Geschäftsmodell für mobiles Direktmarketing. Voller Stolz präsentierten sie es ihrem Bereichsleiter. Dieser sagte: »Wenn unsere Kunden online werben, machen die das über Google und Social Media, aber doch nicht übers Handy – das ist Consumer-Kram!« Die beiden Jungs schauten sich verblüfft an und fragten sich: Ist der Kerl blind?

> **Action Fact**
>
> Action Manager *sind* nicht besser, sie *sehen* besser.

Die beiden Jungs sahen besser als ihr Vorgesetzter. Deshalb scherten sie sich ein Jahr lang nicht um seine Sichtweise und brachten – typisch Action Manager – ihre Lösung auf eigene Kappe zum Laufen, nach Feierabend und an Wochenenden. Sie organisierten die Finanzierung, akquirierten Kunden und verkauften anschließend das ganze Paket für 1,5 Millionen Euro. An wen? Richtig: an ihren Arbeitgeber. Die Branche wieherte vor Lachen. Der Geschäftsführer eines Konkurrenten kommentierte: »Der eigene Chef kauft bei seinen eigenen Mitarbeitern für 1,5 Millionen, was er ein Jahr früher umsonst bekommen hätte!« Es kommt teuer, wenn sich chancenblinde Manager auf die Nase legen. Ferdinand Piëch weiß das.

Im Interview des ADAC-Magazins (2/2013) erzählte der VW-Aufsichtsratsvorsitzende, er habe während seiner Zeit bei Audi »einmal die Chance gehabt, für 2,5 Millionen D-Mark die beherrschende Mehrheit an Ducati zu kaufen. Damals sagte aber der Konzernvertriebschef von VW kurzum: ›Ich verkaufe keine Motorräder.‹« Warum um Gottes willen das denn nicht?

Was Piëch sah

Was sah Piëch? Er sah die geniale Ventil-Zwangssteuerung von Ducati. Mit dieser kann man bei gleicher Leistung den Hubraum auch eines Autos verringern. Das ist genau das, was wir heute brauchen: Autos, die bei gleicher Leistung die Umwelt stärker schonen. An dieser Stelle im Seminar, bei der Beratung, dem Coaching oder im Vortrag wendet meist ein Manager ein: »Hinterher ist man doch immer schlauer! Wenn ich vorher wüsste, was die richtige Entscheidung ist, wäre ich der liebe Gott und würde nicht hier arbeiten!« Ein bestechendes Argument. Es hat bloß ein Loch.

Ist Piëch etwa Gott? Nicht einmal Piëch glaubt das. Es ist gerade umgekehrt: Nicht Piëch, sondern der blinde IT-Bereichsleiter unserer beiden oben erwähnten Techno-Tüftler hielt sich für Gott. Er sah das Produkt seiner beiden Jungs und sagte: »Das brauchen unsere Kunden nicht!« Woher will er das wissen? Hat er die Kunden gefragt? Hat er eine Marktstudie beauftragt? Nein – wozu auch? Er ist doch allwissend! Er würde das natürlich nie behaupten – aber er tut so. Nicht so seine beiden Techniker. Sie sahen die Chance. Warum gibt es so viele chancenblinde Manager? Das liegt an ihrer Erziehung.

Das Ego-Kompensations-Theorem

Ein starkes Manager-Ego stärkt und blendet zugleich.

Vom ersten Arbeitstag an wird Führungskräften eingebläut: Du trägst die Verantwortung! Du triffst die Entscheidungen! Du hältst den Kopf hin! Du musst es wissen! Daraus entsteht ein Rollen- und Selbstverständnis mit Nebenwirkungen: Wenn ich mich für allwissend halte, bin ich entscheidungsstark – und mist-blind. Das ist tragisch. Tragischer wird es, wenn Sie mit so jemandem zusammenarbeiten müssen, der sich unbewusst für einen Gott hält. Wie macht man das?

Mach mal!

Ihr Chef hält sich für allwissend? Beklagen Sie nicht seine Blindheit. Blenden Sie ein, was er ausblendet.

Das wird leider nicht gemacht. Stattdessen jammern und klagen viele über ihre vorgesetzten Ausrutscher und werfen ihnen vor: »Aber das müssen Sie doch sehen!« Auch das ist Blindheit: Wer jammert, sieht nicht. Action Manager jammern nicht. Sie blenden ein, was blinde Vorgesetzte ausblenden. Entweder nach den Prinzipien der gewaltfreien Kommunikation von Marshall B. Rosenberg, mit einem Fade-in (s. u.) oder nach Art der beiden Techniker: per Marktbeweis.

Diesen Beweis kann nicht mal ein Blinder »übersehen«. Leider hat dieser Beweis Nebenwirkungen: Indem die beiden Techniker dem Bereichsleiter ihren Marktbeweis vorführten, führten sie ihn ganz schön vor. Peinlich für jeden Vorgesetzten. Wie verhindern Sie das? Wie verhindern Sie, dass Ihnen morgen jemand um die Ohren haut, was Sie heute übersehen haben?

Mach mal!

Auch und gerade dann, wenn Sie von der Richtigkeit Ihrer Entscheidung überzeugt sind, fragen Sie sich: Was übersehe ich gerade? Ist es relevant? Könnte ich darauf ausrutschen? Wie validiere ich meine Einschätzung?

Genau das tat der IT-Bereichsleiter nicht. Er fragte sich nie: »Aber was, wenn die beiden Jungs recht haben und einen Knüller landen?« Er validierte seine ursprüngliche Einschätzung nicht. Dazu hätte er lediglich eine Focus Group mit einigen guten Kunden einberufen brauchen. Er tat es nicht. Deshalb sah er nicht, was er hätte sehen müssen, und legte sich auf die Nase. Was hat ihn geblendet? Sein eigenes Ego.

Ego macht blind

Das Ego des Managers ist eine üble Stolperfalle. Auch der IT-Chef eines großen süddeutschen Mittelständlers tappt in diese Falle. Er soll bei der brasilianischen Tochter dieselben SAP-Standards einführen wie bei der Mutter. Die Brasilianer wollen Extrawürste. Die Verhandlungen ziehen sich über vier (!) Jahre hin. Der IT-Chef sagt: »Die Brasilianer spinnen eben!« Als der Geschäftsführer »die Brasilianer« fragt (Action Management: Mach die Augen auf!), sagen diese: »Der behandelt uns wie Dreck! Mit dem kommen wir nicht zusammen!« Warum nicht?

> »Es gibt drei Arten von Menschen: Solche, die sehen; solche, die sehen, wenn sie es gezeigt bekommen, und solche, die nicht sehen.«
> *Leonardo da Vinci*

Als der bestellte Executive Coach ihm ins Gewissen redet, sagt der IT-Leiter: »Ich bin doch kein verdammter Henry Kissinger! Ich werde nicht fürs Verhandeln bezahlt!« Sein Ego flüstert ihm ein: »Wer wie ein Staubsaugervertreter verhandelt, ist kein echter IT'ler!« Dem Geschäftsführer ist die Ego-Blindheit seines Angestellten egal. Er kündigt ihm.

Der rasch bestellte Nachfolger stolpert binnen kürzester Zeit ebenfalls über sein Ego. Er fällt aber nicht hin – er tut etwas. Er sagt: »Ich bin auch bloß IT'ler. Aber mit diesem Selbstverständnis komme ich in Brasilien nicht weit. Also bin ich ab heute auch Top-Verhandler!«

> **Mach mal!**
>
> Ihr Selbstverständnis heißt (auch) deshalb so, weil Sie es selbst ändern können. Tun Sie das. Wenn's sein muss täglich.

Passt Ihr altes Ego noch? Sie erkennen den Amateur an einem Ja. Der Action Manager sagt immer Nein. Denn die Zeiten ändern sich so schnell, dass jedes Ego nach drei Wochen (in Teilen) schlimmer stinkt als alter Fisch. Also gibt es immer etwas fürs Ego-Fine-Tuning zu tun.

Es löst ein unglaubliches Aha-Erlebnis aus, wenn Sie Ihr Selbstverständnis erweitern. Sie werden plötzlich Chancen erkennen, die Sie vorher übersehen haben. Sie werden Dinge tun, die Sie vorher nie getan hätten, weil das alte Ego das nicht zuließ.

Die Listen-Blindheit

Für diese Art der Sehstörung hat Martin Hölscher ein wunderbares Gegenmittel entwickelt. Er ist CIO bei Triumph International in der Schweiz.

Er erzählte mir, dass ganz oft, wenn Mitarbeiter einen Vorschlag machen, deren Kollegen sofort hundert Gründe dagegen vorbringen. Sie sind blind für die

Vorzüge des Vorschlags. Irgendwann hatte Hölscher das satt. Er sagte seinem Team: »Ab sofort sind wir ein 2-Listen-Unternehmen. Die eine Liste bearbeiten wir gerade: Hundert Gründe, warum das nicht funktionieren kann. Und jetzt machen wir die zweite Liste auf mit: Warum schaffen wir das trotzdem?«

Mach mal!

Wenn die Leute mal wieder auf blind schalten – machen Sie die zweite Liste auf!

»Das ist doch total trivial!«, sagen mir viele. Doch garantiert keine Action Manager. Ich frage dann immer zurück: »Wenn das so trivial ist – führen Sie diese zweite Liste? In jedem Meeting? Bei jedem Vorschlag? Und Ihre Mitarbeiter arbeiten auch tatsächlich damit?« Die Antworten können Sie sich denken.

Action Fact

Dem Action Manager ist es egal, wie alt oder trivial ein guter Tipp ist. Ihn interessiert nur eines: Wie machen wir das schnellstmöglich zur Gewohnheit?

Martin Hölscher hat eine Arbeitsvorlage gezeichnet. Eine schlichte Liste mit zwei Spalten: »Why it doesn't work« und »How we can make it work«. Was liegt auf Ihrem Schreibtisch?

Blind durch Schablonen

Schablonen machen blind und wer blind ist, rutscht aus. Erst neulich beklagte sich ein Bankdirektor: »Meine Leute haben schon wieder einen Großkunden vergrault!« Es ging um einen hohen sechsstelligen Kredit – kein Pappenstiel in diesen Zeiten. Der Kreditsachbearbeiter hatte die Sicherheiten des Kunden geprüft und auf dessen Antrag den Stempel gehauen: »Sicherheiten nicht ausreichend. Kredit abgelehnt.« Weg war der Kunde und der Bankdirektor verzweifelt.

Er sagte: »Natürlich dürfen wir in so einem Fall keinen Kredit geben! Aber ein Leasing-Angebot hätte für ihn und uns sehr viel besser gepasst!« Es wurde dem Kunden jedoch nicht unterbreitet. Weil der Mitarbeiter in der Schablone »Kredit« dachte. Als der Direktor das im Coaching erkannte, sagte er zu seinen Leuten: »Denkt nicht in Schablonen! Denkt an Kundennutzen und Lösungen!« Was halten Sie davon? Der Vorschlag hat nicht viel gebracht. Die Leute dachten weiterhin in Schablonen. Warum?

Mach mal!

Arbeiten Sie nicht gegen Schablonen. Damit kurieren Sie keine Blindheit. Arbeiten Sie *mit* den Schablonen. Ersetzen Sie sie nicht – ergänzen Sie sie!

Das machte irgendwann auch der Direktor. Er sagte seinen Mitarbeitern: »Toll, dass ihr die Anträge so gewissenhaft prüft! Und wenn ihr einen Antrag ablehnen müsst, so prüft bitte jedes Mal, wie wir dem Kunden anderweitig helfen könnten.« Er arbeitete nicht mehr gegen die Schablone, sondern erweiterte die eine Schablone um eine andere.

Die Verblendung der Optimisten

Berliner Flughafen, Elb-Philharmonie, Stuttgart 21: Alles viel zu optimistisch angegangen. Können die Verantwortlichen die Risiken denn nicht sehen? Können schon, wollen aber oft nicht. Was tun, wenn die Opti- oder andere -misten drauf und dran sind, Mist zu bauen?

Mach mal!

Was Optimisten, Pessimisten, Träumer, Visionäre, Haarspalter, Utopisten oder Bürokraten ausblenden: Blenden Sie es wieder ein!

Martina zum Beispiel kommt ins Coaching und tobt: »Mein Boss will einen neuen Antrieb entwickeln – in acht Monaten. Wo wir für alle fünf Vorgänger zwölf gebraucht haben!« Ich frage: »Was haben Sie ihm erwidert?« – »Dass das nicht geht! Dass es unmöglich zu schaffen ist!« Der Chef wollte das nicht (ein)sehen. Kein Wunder: Was Martina gemacht hatte, waren Vorwürfe. Sie sollte aber keine Vorwürfe machen, sondern das, was übersehen wird, einblenden. Wie geht »Einblenden«?

Das Fade-in

1. Pacing (Abholen und zwei Schritte mitgehen)
2. Konsequenzen (Ausgeblendetes einblenden)
3. Leading (Vorschlag anbringen)

Martina trainiert das Fade-in in zwei Sitzungen. Danach sagt sie ihrem vom Optimismus geblendeten Boss: »Es wäre super, wenn wir das in acht Monaten schaffen könnten (Pacing: Das will der Optimist hören). Aber wenn irgendwo auch nur das kleinste Hindernis auftaucht, verfehlen wir das ehrgeizige Ziel und Sie wissen ja, wie allergisch der Vorstand auf so was reagiert (Konsequenz einblenden). Lassen Sie mich deshalb einige zusätzliche Sicherheiten einbauen, ich lege Ihnen in drei Tagen eine Liste vor (Vorschlag). Damit packen wir das ganz bestimmt (abschließendes Pacing des Optimismus).« Natürlich streicht der vorgesetzte Überoptimist die Liste um die Hälfte zusammen. Martina sagt: »Immer noch besser, als wenn ich mich wie sonst nur über ihn aufgeregt hätte.«

Manager, blind vor Angst

Angst macht blind. Das wissen wir. Doch keiner spricht im Management darüber. Brechen wir das Tabu – wie immer mit einem Beispiel.

Der Fuhrparkleiter des Unternehmens legt dem Geschäftsführer ein super Angebot vom lokalen Autohaus über zwei neue Vans mit 30 Prozent Rabatt vor. Der Geschäftsführer wirft die Hände in die Luft: »Sind Sie wahnsinnig? In diesen Zeiten? Der Euro wackelt! Die halbe EU ist überschuldet. Bei den Rotariern sagen mir die anderen Geschäftsführer, wie mies ihre Auftragslage ist. Und Sie wollen für 80.000 zwei neue Lieferwagen? Nur über meine Leiche!« Der Fuhrparkleiter kratzt sich am Hinterkopf. Er sieht sich wachsenden Anfragen von der Auslieferung gegenüber und fragt sich nun: »Warum sieht mein Geschäftsführer die nicht?« Weil er die Hosen voll hat.

Action Fact

Starke Affekte machen blind!

Der Eigentümer der Firma erkennt das irgendwann auch. Er sagt zum Geschäftsführer: »Machen Sie sich doch wegen zweier Vans nicht ins Hemd! Selbst wenn die auf dem Hof rumstehen – wir haben doch auch genug alte, deren TÜV bald abläuft!« Damit ist die Sache schon halb geregelt:

Action Fact

You can't manage what you don't talk about!

Wie »managte« der Eigentümer die Angst seines Geschäftsführers? Welches Tool setzte er ein? Richtig:

Mach mal!

Angst? Fakten-Check!

Angst ist ein Affekt – genügend alte Fahrzeuge auf dem Hof – das ist eine Tatsache: ein Fakt. Als der Geschäftsführer den Fakten-Check aufnimmt, erkennt er auch: Seine Kumpels von den Rotariern sind fast alles Generalisten. Deren Konjunktur geht tatsächlich gerade baden. Er selber aber ist Spezialist für Freizeitartikel – und gerade im Abschwung fragen die Konsumenten solche Produkte verstärkt nach, zum Ausgleich für die harten Zeiten: Fakten gecheckt, Affekt entschärft. Also kauft er die beiden Vans und macht schon im ersten Jahr mit ihnen einen zusätzlichen Umsatz von 200.000 Euro – die Anschaffung ist damit fast schon abbezahlt. Das war leicht? Natürlich ist es leicht, Fakten zu checken – jeder Assistent kann das! Warum wird es dann so selten gemacht?

Action Fact

Der Action Manager erkennt den Affekt als Affekt – und checkt die Fakten. Der Amateur hält seinen Affekt für die Realität, checkt nix und baut Mist.

Motivblinde Vorgesetzte

Eine besonders schlimme Art der Manager-Hybris ist die Motivblindheit. Gudrun zum Beispiel wurde eingestellt, um eine neue Abteilung hochzuziehen. Binnen nur eines Jahres! Am Ende des Jahres stand die Abteilung, aber drei Viertel ihrer Mitarbeiter machten nur noch Dienst nach Vorschrift – und Gudrun kompensierte das mit 90 Wochenstunden. Warum taten ihre Mitarbeiter ihr das an? »Warum sabotieren die mich?«, fragte sie.

Weil sie blind für die Motive ihrer Mitarbeiter war. Sie unterstellte ihnen Sabotage. Dabei war das wahre Motiv: Die waren nach diesem »Jahr in der Hölle« einfach alle total kaputt, erschöpft!

Action Fact

Ergebnisorientierung macht blind für Motivlagen.

Natürlich behaupten alle Vorgesetzten, die Motive ihrer Mitarbeiter zu kennen. Meist ist das ein Bluff!

Mach mal!

Sie kennen die zentralen Motive Ihrer Mitarbeiter? Wie schön. Nennen Sie mir drei Motive eines Mitarbeiters Ihrer Führungsspanne!

Das ist unverschämt? Nicht für Action Manager. Die rattern Ihnen die Motive runter wie das kleine Einmaleins. Wie jeder gute Analyst das Portfolio seiner Kunden auswendig aufsagen kann, kennt der Action Manager die Motivlage seiner Mitarbeiter; zumindest jene seiner Hochleister. Gudrun inzwischen auch.

Mach mal!

Verwenden Sie pro Stunde Meeting oder Gespräch fünf Minuten zur Motivpflege (übrigens: Wie halten Sie es damit in der Familie?).

Erfahrene Action Manager nehmen sich mehr Zeit dafür. Weil sich mit jeder Motiv-Minute das Tempo der nachfolgenden sachlichen Verhandlungen erhöht. Ist logisch: Unter guten Kumpels gehen Verhandlungen sehr viel schneller. Und was zeichnet gute Kumpels aus? Dass jeder die Interessen des anderen kennt und wahrt. Das können und wollen viele Führungskräfte nicht. Warum nicht? Weil sie den Aufwand scheuen: »Ja, natürlich müsste ich auch auf die Motive meiner Mitarbeiter achten. Aber dafür fehlt mir die Zeit!« Das ist Bullshit, der zu Bullshit führt:

Action Fact

Amateure überschätzen den Aufwand, den es braucht, um klar zu sehen.

Der Action Manager schätzt den Aufwand realistisch ein. Warum?

Action Fact

Aufgaben müssen ausgeführt werden. Motive müssen erkannt werden. Erkenntnis kostet keine Zeit!

Nerd-Blindheit

Eine weitere, aus Hybris geborene Blindheit im Management ist die Nerd-Blindheit. Viele Manager sind blind für die Meinung der subversiven Mitarbeiter, der Nerds, Geeks, Quertreiber und Störenfriede. Warum Action Manager nicht?

Eine Abteilungsleiterin verriet mir: »Ich trinke gerne mit Mitarbeitern einen Kaffee zwischendurch. Am liebsten mit jenen, die mir nicht so lieb sind. Über sie ärgere ich mich oft – aber von ihnen lerne ich auch mehr als von denen, die mir sympathisch sind.« Das ist ein guter Tipp:

Mach mal!

Sie kennen Ihren blinden Fleck? Wunderbar. Machen Sie es sich zur Pflicht, einmal am Tag hinter den blinden Fleck zu schauen.

Ein weiterer guter Tipp gegen Hybris und Managerblindheit ist:

Mach mal!

Amateure sehen nur bis zum Beschluss. Action Manager sehen bis zur Umsetzung des Beschlusses.

Amateure glauben: »Weil es im Meeting besprochen wurde, wird es jetzt auch gemacht.« Das ist Bullshit. Woran erkennen Sie Manager, die nicht auf diesen Mist hereinfallen? Zum Beispiel an der W-Moderation von Gesprächen und Meetings. Zu jedem TOP fragen sie abschließend: »Okay – und wer macht das jetzt bis wann und mit welchem Ziel?« Hand aufs Herz: Wie viele Meetings werden in Ihrem Haus w-moderiert? Wenn ich das frage, liegt der Schnitt der Antworten unter 30 Prozent … Deshalb sagte mir eine Controllerin einmal: »Wir haben keine Meetings. Bei uns sind das Treffen der anonymen Berufsblinden …«

Open Focus

Schauen Sie sich die Pappenheimer doch mal genauer an! Manager, die Mist bauen, zeichnen sich immer durch hohe Hybris aus: Sie wissen es besser! Generell und kategorisch. Action Manager sind vor Hybris, vor Selbstüberschätzung nicht gefeit – sie kennen nur genügend Gegenmittel. Der Open Focus ist eines der besten.

Mach mal: Open Focus

Action Manager wissen, dass sie einen blinden Fleck haben. Deshalb halten sie ihre Wahrnehmung geradezu brutal offen.

Die Brutalität liegt in den Fragen, mit denen sie diese Offenheit erreichen. Sie stellen sich zwei Dutzend Mal am Tag jene Fragen, die sich Feiglinge nie stellen würden – zum Beispiel:

- »Was haben wir jetzt wieder übersehen?«
- »Was lief in der Vergangenheit bei vergleichbaren Vorhaben schief?«
- »Was wäre eine ganz verrückte Idee?«
- »Was haben wir noch nicht versucht?«
- »Wie könnte man das noch besser machen?«

- »Was würde unser schlimmster Feind dazu sagen?«
- »Was haben wir voreilig verworfen?«
- »Was ist die Lösung, von der alle sagen ›Geht nicht!‹?«
- »Was ist das Gegenteil unserer Lösung?«
- »Wie macht es die Konkurrenz?«
- »Was ist die Lösung der Geeks und Nerds?«
- »Wie macht man es noch schlimmer?«
- »Welche Lösung würde ein Vierjähriger austüfteln?«
- »Wie sähe die Lösung mit unbegrenztem Budget aus?«
- »Wie sähe die Gratis-Lösung aus?«
- »Bei welcher Lösung flippt der Vorstand aus?«
- »Was erwarten die Kunden sicher nicht von uns?«
- »Was passiert, wenn wir gar nichts machen?«
- »Was ist der Double Loop?«
- »Was seh' ich nicht, das andere sehen?«
- »Was macht in dieser Situation überhaupt Sinn?« (vgl. Kapitel 3. »Inputitis«)
- »Wie könnten wir es uns einfacher machen?« (vgl. Kapitel 4. »Hierarchitis«)

Diese Fragen sind nichts für Feiglinge. Das ist der Unterschied: Action Manager haben den Mumm, auch unbequeme Fragen zu stellen. Sie finden sogar Spaß daran.

Priming: Augen auf für Fortgeschrittene

Natürlich: Alle Menschen stellen hin und wieder die richtigen Fragen, machen gelegentlich die Augen auf. Der Action Manager macht das permanent. Er arbeitet ständig mit einem Open Focus (s. o.). Warum? Weil er häufiger dran denkt? Ganz im Gegenteil: weil er es sich zur Gewohnheit gemacht hat.

Mach mal!

Prime your Perception!

Manchmal bekomme ich von Vorgesetzten genau diese Aufgabe. Sie schicken mir ein Team und ordern: »Gewöhnen Sie denen doch bitte schleunigst die Problemsicht ab! Die jammern immer nur! Die sind blind für Chancen, Potenziale und Optionen!« Das kann man kurieren.

Ich erzähle im Seminar dann zum Beispiel zehn Pannen- und Problemgeschichten möglichst aus der Praxis des Teams (vorher gut recherchiert) und gebe die Aufgabenstellung: »Sobald Sie die Story gehört haben, möchte ich spontane Rückmeldung von Ihnen. Aber: Nicht der übliche Problem-Talk. Erlaubt sind ausschließlich konstruktive Lösungsvorschläge!« Nach der zehnten Lehrgeschichte »sitzt« die neue Gewohnheit. Meist erkennen sich die Teilnehmer danach selbst nicht wieder – oft wundern sich auch ihre Partner und Familienangehörigen. Denn wo sie früher nur Probleme, Hindernisse und Frust sahen, sehen sie jetzt Lösungen und Möglichkeiten.

Mach mal: Priming

Kalibrieren Sie Ihre Wahrnehmung per Repetition auf das, worauf Sie Ihren Fokus legen möchten: Lösungen, Chancen, Optionen, Auswege …

Laut einer Umfrage von »ManagerSeminare« fürchten 40 Prozent der Führungskräfte, ihren Job zu verlieren. 12 Prozent fürchten fachliche Überforderung. Aber nahezu drei Viertel aller befragten Führungskräfte haben Angst davor, die Kontrolle zu verlieren und Fehler zu machen. Und genau das ist falsch.

Wenn Sie einen Fehler gemacht haben, haben Sie ihn eben nicht »gemacht«. Das Machen kommt erst viel später. Sie können nur das machen, was Sie gesehen haben. Und wenn Sie das Falsche *sehen*, *machen* Sie auch das Falsche. Umgekehrt: Nur wer das Richtige sieht, kann das Richtige tun. Wer ein scharfes Auge hat, vermeidet alle vermeidbaren Fehler (die anderen zählen nicht). Wie Sie Ihren Blick schärfen, wissen Sie jetzt. Ich wünsche Ihnen einen allseits scharfen Action-Blick.

Der Frust der Führungskräfte

»Es besteht ein Hang dazu, sich in Routine zu vergraben, um keine unangenehmen Entscheidungen fällen zu müssen.«

»Wir reden zu viel und machen zu wenig.«

»Viele Kollegen wollen wirklich noch was bewegen, lassen sich aber durch ex- und interne Faktoren schnell ausbremsen: zentrales Back Office läuft nicht rund, widersprüchliche Anweisungen …«

»Das Beste für einen Action Manager ist ein Vorstand, der hinter ihm steht. Als alle gegen meinen Vorschlag moserten, sagte unser Vorstand: ›Wenn Herr D. meint, das ist besser und günstiger, machen wir das auch so.‹ Es hat sich für alle ausgezahlt.«

»Action Manager sind oft erfolgreich, aber meist nicht beliebt, weil die anderen sich dann auch schneller bewegen müssen. Schwache Chefs finden den Action Manager auch eher unbequem …«

»Ich kenne Vertriebsorganisationen, bei denen die Account Manager vier Tage die Woche Reports verfassen und folgerichtig nur einen Tag die Woche beim Kunden sind. Desaströs.«

»Action Management? Nö, bei uns gilt die Maxime: Um Himmels willen bloß nicht auffallen!«

Fehler 2: Logorrhö – »Quatsch mir das Ohr blutig!«

»A little less conversation,
a little more action.«

Elvis Presley

»Nicht die Wahrheit wird euch frei machen, sondern die Tat.«

Janice Kemper, Producer

»Verschieben wir's auf morgen!«

Berühmte letzte Worte von Scarlet O'Hara in »Vom Winde verweht«

Was regt Sie am meisten auf?

Das kommt darauf an, wie gut Sie sind. Die wirklich Guten regen sich vor allem über eines auf, wie meine kleine Umfrage unter Führungskräften zeigt. Im Wortlaut:

- »Warum geht das nicht weiter?«
- »Bei uns wird viel zu langsam entschieden!«

➤ »Das ist alles so fürchterlich zäh und träge!«

Die Misere unserer Zeit. Denken Sie an die drängenden Themen unserer Tage wie Energiewende, Schuldenkrise, Altersarmut, Steuervereinfachung … Was müsste da alles getan werden! Was wird gemacht? Herzlich wenig. Warum?

Action Fact

Wir leben in Zeiten der Logorrhö, in der Ära des Verbaldünnschiss'. Es wird viel geredet und wenig gehandelt.

Wenn das mal nicht so ist, kommt es prompt in der Zeitung:

»Ich sag' mir einfach: Just do it – nicht reden, machen!«

Kronprinzessin Mette-Marit von Norwegen im WELT-Interview (23.12.2012)

Die schlimmsten Quasseltüten sitzen übrigens wo? In Brüssel.

Die Zehn Gebote Gottes enthalten 279 Wörter. Die amerikanische Unabhängigkeitserklärung besteht aus 300 Wörtern. Die EU-Verordnung über den Import von Karamellbonbons zählt 25.911 Wörter.

Oder wie Thomas Öchsner in der *Süddeutschen Zeitung* (14.12.2012) schreibt:

»Was wirklich wichtig ist, lässt sich prägnant zusammenfassen. Die Realität sieht in vielen Unternehmen und Behörden meist anders aus. Es wird geschrieben, korrigiert und gemailt, was das Zeug hält.«

»Unser Vorstand glaubt, er wird fürs Redenschwingen bezahlt«, klagt zum Beispiel Sylvia. Sie ist vom Schicksal schwer geschlagen: Ihr Boss ist Logorrhötiker.

Mein Boss, der Logorrhötiker

Weil sein Unternehmen dringend mehr und bessere Fach- und Führungskräfte braucht, holt sich ein Geschäftsführer nach der Pensionierung des alten Personalleiters eine junge, dynamische Personalleiterin von der Konkurrenz: Sylvia. Sie soll aufbauen, was heute viele Spitzenunternehmen haben: eine Corporate

Academy. Damit soll die 3.500 Personen starke Belegschaft fit gemacht werden für »neue Herausforderungen« und das Recruiting soll dadurch an Attraktivität gewinnen. Es kommt nicht dazu.

Nach einem Jahr haben lediglich 5 Prozent der Belegschaft ein Training besucht, ein Karriereentwicklungsprogramm gibt es noch nicht. Dafür hat die geplante Akademie 20.000 Euro an Konzeptionskosten verschlungen, ohne dass auch nur ein einziges Programm gestartet wäre. Sylvia bekommt vom Geschäftsführer im Jahresgespräch ein »Unbefriedigend«. Das treibt sie die kahle Wand hoch. Genauer: die Alm hoch.

Stinksauer fährt sie zum Alterssitz ihres Vorgängers in die Berge. Sie kraxelt auf seine Alm und klagt ihm: »Ich habe ein Jahr lang mit dem Geschäftsführer geplant und Konzepte diskutiert! Aber der kann sich einfach nicht entscheiden! Und jetzt bin ich die Blöde, wenn nichts vorangeht?« Der Pensionär antwortet: »Logisch. Wer sonst? Mir ging das am Anfang auch so. Unser Geschäftsführer ist Logorrhötiker.« – »Und was fang' ich mit so einem an?«, will Sylvia wissen.

»Dasselbe wie ich«, rät der Ex-Personaler: »Reden Sie weiter mit ihm. Das braucht er. Darüber definiert er sich. Aber dabei kommt nichts heraus. Als ich das endlich kapiert hatte, habe ich ihm bei Besprechungen einfach meine unterschriftsreifen Konzepte, Anträge und Verträge hingelegt. Er hat das dann beiläufig unterschrieben und mir dafür wieder zwei Stunden von seiner neuesten Vision erzählt.«

Die Personalleiterin kraxelt ernüchtert von der Alm runter. Drei Monate später findet die Eröffnungsvorlesung ihrer Akademie statt. Ihr vorgesetzter Logorrhötiker hält zum Auftakt eine flammende Rede. Sylvia hat ihre Lektion gelernt:

Mach mal!

Logorrhötiker wollen reden, nicht entscheiden. Ergo: Legen Sie unterschriftsreif vor!

Aber es ist doch wohl Job eines Entscheiders, zu entscheiden! Wer sagt das? Das arme alte Weichei. Action Manager dagegen sagen: »Wenn die Entscheider nicht entscheiden, dann entscheide eben ich!« Aber wenn der Logorrhötiker nicht unterschreiben will? Dann sind Sie mit diesem Rezept immer noch besser dran, als wenn Sie wie er in die L-Falle tappen. Das Rezept funktioniert übrigens auch tadellos bei Kollegen und Mitarbeitern.

Hilfe! Meine Mitarbeiter quasseln mich zu Tode!

Was ist die häufigste Todesursache im Management? Exitus durch Totquasseln. Franz-Josef Klegraf ist dem Tod entronnen.

Er ist Mitglied der Geschäftsleitung der Hella KGaA Hueck & Co. in Lippstadt und ein Action Manager. Er erzählte mir irgendwann beim Kaffee: »Ich hatte mal eine Taskforce, alles hoch kompetente Leute. Die sprachen in einem unserer ersten Meetings ständig von Toleranzeinschränkungen und einer katovalen Aufhängung, die man ich weiß nicht wie viele Millimeter verschieben müsse.« Damit geht die Falle auf – und die meisten Manager tappen rein. Wieso?

Klar: Weil man sich als Manager keine Blöße geben darf. »Ich kann doch nicht zugeben, dass ich keine Ahnung habe!«, sagt der Logorrhötiker und quasselt munter mit, auch wenn er noch nie was von katovalen Aufhängungen gehört hat. So schwallt man stundenlang im Kreis und wird dafür auch noch bezahlt. Irre? Nein, modernes Management. Sogar mit eigenem Akronym:

KABA

Kompetentes **A**uftreten **b**ei **A**hnungslosigkeit

KABA rührt daher, dass erwachsene Männer (Frauen fragen öfter) Schiss haben, eine simple Frage zu stellen.

Action Fact

Logorrhötiker haben Schiss, deshalb verbreiten sie Scheiß.

Klegraf hat keinen Schiss. Er tappt nicht in die L-Falle. Er sagt seinen genialen Teamkollegen: »Leute, das bringt uns nicht weiter. Sie sollten mir das so erklären, als wäre ich ein Fünfjähriger in kurzen Hosen! Also: In einfachen Worten – was wollen Sie mir sagen?« Zeigen Sie mir den Manager, der sich so etwas traut. Sie können einen Ziegelstein in eine Vorstandssitzung werfen und keinen einzigen damit verletzen, der so viel Mumm hätte (Mut ist im Management eher selten).

Mach mal!

Sie können die Wirksamkeit eines Managers daran ablesen, wie viele Fragen er pro Minute stellt. Die Korrelation beträgt 100 Prozent.

Nach Projektende kamen zwei der Taskforce-Teilnehmer zu Klegraf und sagten: »Mit Ihnen arbeiten wir gerne zusammen. Da kommen wir ohne Umwege zum Ergebnis. Das schaffen nur wenige.« Was soll das heißen? Dass kaum ein Manager sonst Fragen stellt?

Mach mal!

Vorsicht! Logorrhötiker sprechen nicht auf One-Shot-Solutions an. Eine erfolgreiche Therapie erfordert repetitive »Impfungen«.

Nach seinem ersten Hinweis holten nämlich immer noch viele Teammitglieder wahnsinnig weit aus. Also wiederholte Klegraf immer wieder: »Ich verstehe das noch nicht. Also bitte noch einfacher. Noch kürzer. Noch stärker auf den Punkt.«

Wie oft muss man dazu auffordern? So oft, bis die Leute das kapieren, und dann noch einmal so oft, bis sie es verstehen, und noch einmal so oft, bis sie es umsetzen. Niemand hat behauptet, dass die Erziehung zum Action Manager für umsonst zu haben sei. Das Weichei gibt immer zu früh auf. Der Action Manager zieht sein Ding (»Mach fertig!«) so lange durch, bis seine Logorrhötiker kuriert oder wenigstens erträglich geworden sind.

Mach mal!

Das Motto des Action Managers: »Whatever it takes!«

Auf den Punkt!

Das Problem logorrhötischer Menschen ist nicht der Wortschwall, den sie verbreiten – obwohl allein dieser kaum erträglich ist. Nein, Logorrhötiker reden nicht nur viel, sondern auch noch das Falsche. Wie der Facility Manager einer europäischen Handelskette.

In kürzester Zeit tauscht er in allen 55 Supermärkten eines Verkaufsgebiets die Scannerkassen aus. Fast 1.000 Kassen in Rekordzeit! Prompt springt der Krankenstand der Kassenkräfte von 11 auf 22 Tage. Die Presse macht ihn fertig. Er wehrt sich: »Die Kassenkräfte boykottieren unsere schönen neuen Kassen!« Seine Begründung: »Ich habe für die Planung ein Jahr lang mit Software-Programmierern, Hardware-Entwicklern, System-Architekten und anderen Lieferanten gesprochen! An den Kassen kann es also nicht liegen!« Ach ja?

Eine einfache Kassiererin erklärt es ihm: »Laut Statistik schiebe ich täglich 15 bis 18 Tonnen Ware über den Scanner. Die neuen Scanner liegen ein paar Millimeter höher als der Kassentisch. Also muss ich jeden Tag bis zu 18 Tonnen anheben. Die Folge: Repetitive Strain Injury (RSI).«

Action Fact

Wer nur quasseln kann, kann selbst das nicht richtig.

Was hatte der redselige Manager falsch gemacht? Das:

Mach mal!

»Immer mit den Eingeborenen reden!«

Charles Handy

Gerade in Projekten wird grundsätzlich nicht mit den Endanwendern gesprochen. Warum ignorieren Manager den »einfachen Mitarbeiter«? Der Grund ist simpel und beschämend: Viele werden auch deshalb Manager, damit sie »etwas Besseres« sind und nicht mehr mit »den einfachen Leuten« reden müssen. Haben Manager Angst davor, mit normalen Leuten zu reden? Und wie! Das heißt: Die schwachen. Die starken Manager machen das gerne. Und wie heißt das dann? Management by Walking Around.

Besprochen heißt erledigt

Viele Manager reden auch deshalb so viel, weil sie sich für Gott halten (vgl. Kapitel »Hybris«). Sie erinnern sich dunkel an die Bibel: »Gott sprach ›Es werde Licht!‹ und es ward Licht!«

Action Fact

Logorrhötiker glauben: Besprochen heißt erledigt.

Denn das Wort vom Chef ist Gesetz! Wozu Verantwortliche benennen, Arbeitspakete schnüren, Ziele, Übergabekriterien und Kontrolltermine vereinbaren? Viele Manager sagen mir: »Die Leute wissen doch, was gemacht werden muss!« Das ist absurd? Nein. Das ist Größenwahn im Management.

Action Fact

Es gilt umgekehrt: Alles besprochen – wenig gemacht. Oder auch: Je mehr besprochen wird, desto weniger wird gemacht.

Den Mitarbeitern ist das oft klarer als ihren Vorgesetzten. In vielen Firmen höre ich: »Jetzt hat er uns mal wieder lang und breit erklärt, was getan werden muss. Aber wie wir das genau machen sollen – das können wir wieder allein ausknobeln. Er lässt uns wie immer im Regen stehen. Er ist halt eher der abgehobene Stratege, der von der Umsetzung nicht viel Ahnung hat.« In jedem anderen Beruf fliegt man nach so einer 360-Grad-Abwatsche raus. Nicht so im Management. Eine ausgeprägte Neigung zum Schönwetterredenschwingen scheint da keine Behinderung, sondern eher Voraussetzung für Beförderung zu sein. Was soll man mit solchen Chefs anfangen? Auf den Mond schießen?

Was soll man mit solchen Chefs anfangen?

Ihr Chef ist Logorrhötiker? Mein Beileid. Was fangen Sie mit ihm an? Können Sie ihm kündigen? Nein? Dann hilft nur eines:

Mach mal!

Sie wollen Ihren Logorrhötiker therapieren? Sie brauchen zuerst eine Diagnose!

Ihr Chef quasselt Ihnen und anderen das Ohr blutig. Okay. Aber warum? Das verrät Ihnen ein Einblick in das Wesen der Erkrankung: Logorrhö ist eine Kompensationshandlung, eine fehlindizierte Coping Strategy, vergleichbar mit dem Pfeifen im Walde oder dem Brilleputzen beim Lösen kniffliger Aufgaben: Bringt nichts, hält eher auf und irritiert alle – aber man ist so herrlich dabei beschäftigt und wirkt so seriös.

Was wird mit dem Wortschwall kompensiert?

Unsicherheit, schwaches Selbstwertgefühl, übersteigertes Geltungsbedürfnis, Inkompetenz, Versagens- und Leistungsangst, Angst vor Statusverlust und Peer-Kritik, Panik, Paranoia, Entscheidungsschwäche, Demotivation, Indolenz, diffuse Erwartungshaltungen, fehlender Fokus ... Die Folgen dieser Kompensationssucht sind gravierend. Ich kannte einen Manager, der in jedem Meeting so viel redete, dass regelmäßig einige seiner Kollegen dabei einschliefen. Peinlich. Aber zwangsläufig.

Action Fact

Je unsicherer der Mensch ist, umso heftiger kompensiert er.

Reden ist für Logorrhötiker eine Ersatzhandlung im Sinne von: Ersatz für echte Handlung. Reden ist Ersatzbefriedigung für Schwachmatiker? Ja, aber ich würde daraus keine Polemik machen. Machen Sie lieber ein Instrument der Guerilla-Führung daraus.

Mach mal!

Sie können Logorrhötiker umso besser führen und sich aus ihrem Klammergriff befreien, je schneller und klarer Sie ihre Kompensationsmotive erkennen und therapeutisch bedienen.

Aus welchem der aufgezählten Motive (s. o.) heraus quasselt Ihr Chef? Machen Sie eine Checkliste auf. Denn: Quassler quasseln so lange, bis sie bekommen, was sie unbewusst wollen. Also geben Sie's ihnen! Je genauer Sie die zwei, drei Logorrhö-Motive jedes Logorrhötikers erkennen, desto zielgenauer können Sie ihn behandeln. Sekretärinnen können das oft besser als Psychoanalytiker. Erst neulich verriet mir eine: »Wenn mein Boss mal wieder Sprechkoller hat, dann meist, weil ihm irgendein Hierarch die verdiente Anerkennung vorenthält. Bevor er dann eine halbe Stunde über die Undankbarkeit der Welt lamentiert und mir meine Zeit stiehlt, verrate ich ihm, dass ich von der Vorstandssekretärin gehört habe, dass der Vorstand den letzten Deal von meinem Boss für einen fantastischen Erfolg hält. Diese Dosis Anerkennung bewirkt spontane Wunderheilung.«

Mach mal!

Je schneller, heftiger und dosiert übertrieben Sie die Motive eines lauten Vielsprechers versorgen, desto schneller gibt er Ruhe – und desto stärker ist er Ihnen verbunden.

Diese Fähigkeit der Motivbefriedigung ist übrigens integraler Bestandteil dessen, was gemeinhin als »Charisma« bekannt ist.

Und nun die viel wichtigere Frage: Wie schützen Sie sich selber vor Logorrhö-Anfällen?

Reden Sie sich nicht um Kopf und Kragen!

Wir alle fühlen uns mehrfach am Tag angegriffen, unsicher oder nicht beachtet – und tappen dann meist reflexhaft in die L-Falle. Wir beginnen im Sinne des Wortes besinnungslos zu quatschen und machen uns zum Affen. Denn jeder merkt, dass uns der Logorrhö-Gaul reitet – nur wir selber nicht. Den besten und einfachsten Schutz vor solchen Anfällen haben Sie selbst in der Hand:

Mach mal!

Logorrhö ist unbewusst. Sobald Sie sich Ihr aktuelles Sprachverhalten bewusst machen, sind Sie immun.

Das wissen im Grunde alle, aber kaum jemand tut es (außer Action Manager), weil die Reflexionsfähigkeit vieler Manager sehr schwach ausgeprägt ist: Wer immer nur andere beobachtet, kontrolliert und beurteilt, verliert sich selbst aus den Augen.

Action Manager reparieren diesen Schaden wie immer sehr pragmatisch. Jost, Head of Sales International, erzählt: »Sobald ich im Job oder anderen relevanten Kontexten den Mund aufmache, läuft in meinem Hinterkopf das Controlling-Tonband: Was sagst du da? Ist das noch zielführend? Oder kompensierst du bereits?« Die Tonspur für Fortgeschrittene lautet:

Mach mal: Das Ikea-Rezept

Kommunizierst du noch oder kompensierst du schon?

Wenn Reden Kompensation ist – sollen wir dann sämtliche Besprechungen abschaffen? Das wäre das Kind mit dem Bade ausgeschüttet. Es geht aber nicht um Bäder. Es geht um den Point of No Return.

Point of No Return

Es geht nicht darum, Besprechungen abzuschaffen. Es geht darum, das Zuviel an Besprechungen abzuschaffen.

Mach mal!

Action Manager merken, wann es genug ist – nämlich am Point of No Return –, und sagen das dann auch deutlich.

Im Süden Deutschlands zum Beispiel waltet in einer kleinen Gemeinde ein Pfarrer, der ein gutes Auge für den Point of No Return hat und deshalb jeden Tagesordnungspunkt seiner Kirchenvorstandssitzungen mit den Worten beendet: »Ich glaube, es ist zu diesem Thema genug gesagt worden. Schreiten wir zur Abstimmung.« Sein zweiter Vorsitzender kommentiert lachend: »Natürlich ärgert das die Profilneurotiker unter uns, die alle noch was sagen wollen. Aber keiner ist ihm lange böse. Denn wir wissen: Wenn er das nicht tut, sitzen wir noch um Mitternacht hier, weil uns unsere eigenen Logorrhö-Anfälle in Geiselhaft genommen haben.« Wenn das so einfach ist, warum schaffen das dann nicht alle?

Als ein Manager davon hörte, schwieg er eine ganze Weile betroffen und sagte dann – im sicheren Kontext des Coachings: »Sie sagten eben, dass ihm keiner lange böse sei. Ich könnte es noch nicht mal ertragen, wenn einige mir auch nur für die Dauer der Sitzung böse wären.« Da genau liegt der Hund begraben:

Action Fact

Viele trauen sich nicht, der Quasselei Einhalt zu gebieten, weil sie liebgehabt werden wollen.

Psychologen nennen dieses Symptom »Everybody's Darling«. Erkranken Frauen daran, lautet die korrekte Bezeichnung »Brave-Tochter-Syndrom«. Kann man das heilen? Ja.

Mach mal: Das Harvard-Rezept

»Hart in der Sache – kulant, höflich und respektvoll zu Personen.«

»Hören Sie auf zu quasseln, damit wir endlich abstimmen können!« Natürlich macht man sich mit so einem Spruch unbeliebt. Man kann denselben Sachverhalt jedoch auch anders formulieren: »Ich verstehe, dass einige noch etwas sagen wollen. Angesichts der fortgeschrittenen Stunde möchte ich jetzt aber lieber abstimmen lassen.« Die meisten Manager erkennen recht gut den Point of No Return. Sie haben bloß nie gelernt, kulant »abzukneifen«. Das kann niemand von Geburt an. Das muss und das kann man lernen. Action Manager haben das gelernt – oder es sich selbst beigebracht. Aber ist es nicht gefährlich, Menschen das Wort abzuschneiden? Man könnte dabei doch wichtige Informationen verlieren! Nein. Kann man nicht. Das beweise ich Ihnen. Mit Hilfe von Tischen und Stühlen.

Wer steht, quasselt nicht

Wie unnötig die meisten Besprechungen sind, zeigt das Experiment eines Geschäftsführers.

Er ließ aus dem großen Sitzungssaal seines Unternehmens alle Sitze und Tische abtransportieren und stellte Stehpulte auf. Von der ersten Sitzung an waren die Meetings nur noch ein Drittel so lang und doppelt so effektiv. Das ist logisch, das ist klar, das ist trivial? Entschuldigung, Sie verkennen den Clou: Was steht in Ihrem Sitzungsraum?

Mach mal!

Amateure nennen trivial, was sie *verstehen*. Action Manager nennen trivial, was sie *praktizieren*.

Wo wird ebenfalls endlos gequatscht? Klar, in Jammerzirkeln. Aber Mitarbeiter und Manager müssen sich doch irgendwo ihren Frust von der Seele reden? Ja klar, logisch, psychologisch nachvollziehbar – aber nach 60 Sekunden ist der Point of No Return der Katharsis erreicht. Eine Topmanagerin, die das erkannte, ließ ihren Mitarbeitern per Arbeitsvertrag das Jammern verbieten. Keine Ahnung, ob das juristisch haltbar ist – aber es funktioniert. Niemand jammert in ihrem Betrieb länger als die Katharsis-Minute. Die Anzahl der pro Sitzung gemachten Lösungsvorschläge verzehnfachte sich praktisch über Nacht. Warum nicht in jedem Unternehmen?

Manager sind paranoid

Als Manager darfst du keine Fehler machen (deshalb ging auch mein erstes Buch, *11 Managementsünden*, weg wie warme Semmeln). Nicht wegen der Vorgesetzten. Fast alle Vorgesetzten reagieren möglicherweise unwirsch, aber verständnisvoll auf Fehler. Doch auf jeden Manager kommen mindestens drei Kollegen oder Kolleginnen, die nachts die Messer wetzen und nur darauf warten, dass er einen Bock schießt.

Viele Manager machen deshalb lieber keinen Fehler als dreimal mehr Umsatz oder Gewinn. Viele geben hinter vorgehaltener Hand unumwunden zu: »So lange mich keiner sieht und ich nicht unangenehm auffalle, ist mein Job sicher!« Am sichersten ist er, wenn der Manager nichts macht, sondern nur quasselt. Wer nichts macht, macht auch keine Fehler. Da quasselt man lieber sich und die Firma in endlosen Meetings, Analysen, Diskussionen, Arbeitsgruppen und Studien zu Tode, anstatt wirklich etwas zu machen. Das Risiko ist einfach zu hoch! Warum gibt es dann überhaupt Action Manager? Sind die alle wahnsinnig? Haben die gar keine Angst?

Mut zur Action

Action Manager sind auch nur Menschen. Auch sie haben Angst vor Mobbing. Sie gehen lediglich intelligenter damit um.

> **Mach mal!**
>
> Der Point of No Return von Angst und Paranoia ist erreicht, wenn die Konsequenzen der Risikovermeidung größer werden als deren Nutzen.

Personalentscheidungen zum Beispiel sind immer hoch riskant. Niemand kann im Vorhinein zuverlässig sagen, ob der Bewerber sich als Hoch- oder Minderleister herausstellt. Deshalb lehnte der Personalleiter eines Industrieunternehmens jüngst die Bewerbung eines Elite-Ingenieurs ab: »Geht nicht. Seine Forderungen sprengen unser Gehaltsgefüge. Außerdem hat er einen schwierigen Charakter.« Der Fertigungsleiter entgegnete: »Natürlich ist er nicht pflegeleicht und verlangt zu viel. Aber doch nur, weil er nachweislich Spitzenleistung bringt. Und nun stellen Sie sich vor, so ein Spitzenleister geht zu unserer Konkurrenz.« Für einen Action Manager eine untragbare Konsequenz. Also stellte er ihn ein und vereinbarte eine Erfolgsprämie, um das Gehaltsgefüge zu wahren.

> **Mach mal!**
>
> Das Kalkül des Action Managers: Konsequenz schlägt Risikovermeidung.

Wenn Sie also wieder einmal von den Lautsprechern ausgebremst werden, blenden Sie (s. Kapitel »Hybris«) die Konsequenzen ein, die die Quasseltanten ausgeblendet haben. Warum aber haben Manager überhaupt so viel Angst?

Existenzielle Logik der Angst

Manager haben zwar unmittelbar Angst vor den Kollegen, jedoch mittelbar Angst vor dem freien Fall. Für Journalisten und Politiker ist diese Angst schlicht nicht vorstellbar. Aber wie zum Beispiel ein Forschungsleiter klagt: »Wenn ich meinen Job als Abteilungsleiter verliere – so viele freie Positionen gibt es in meiner Gehaltsklasse nicht. Nicht in unserer Gegend, wo ich ein Haus gebaut habe und wo meine zwei Kinder zur Schule gehen. Verliere ich den Job, verliere ich Haus, Hof, Kinder, Frau und meine Existenz.« Mal davon abgesehen, ob die Familie das auch so sieht – so sieht das der Manager! Also zerredet der Forschungsleiter lieber die innovativsten Ideen seiner Forscher, als sie zu Produkten zu machen.

Er vermeidet Risiken, als ob es um sein Leben ginge – weil es genau darum geht. Steckt also das Management voller Feiglinge? So könnte man das sehen, aber das wäre Polemik. Die interessantere Frage lautet doch wohl: Haben Action Manager denn keine Existenzängste?

Das Geheimnis der Action Manager

Ich kenne einen Einkaufsleiter, der seinen Job verlor, weil er in nur 18 Monaten die komplette Beschaffung derart reengineert hatte, dass einige Vorstandsmitglieder sich durch diesen überragenden Erfolg bedroht fühlten. Seine Frau fragte: »Müssen wir jetzt das Haus verkaufen und in eine Mietwohnung ziehen?« Seine Kinder boten an: »Wenn es hilft – nimm unser Taschengeld!« Er lachte, bedankte sich für das Angebot und fragte zurück: »Wenn man mich wegen überragender Erfolge rauswirft – bin ich dann nicht erfolgreich genug, mir einen tollen neuen Job zu angeln?«

Seine Frau sagte daraufhin: »Danke, dass du mich daran erinnerst, warum ich dich geheiratet habe. Wenn unser Urlaubsflieger im Dschungel abstürzt, gehst du mit deinem Schweizer Taschenmesser und einer Plastiktüte raus und baust über Nacht ein Einkaufszentrum mit eigenem Flughafen.« Sein amerikanischer Cousin drückt es wesentlich kürzer aus. Er sagt über ihn: »He feels no fear, 'cause he's a creator.«

Mach mal!

Wer Welten schafft, kennt keine Furcht. Wer sich über Position, Status und Gehalt definiert, lebt in ständiger Furcht und ist leichter erpressbar als ein koksender US-General.

Ein Passivmanager würde lieber sterben, als einen Job unterhalb seiner Gehaltsstufe anzunehmen. Nicht wegen des Geldes, sondern weil er den Statusverlust mehr fürchtet als den Tod. Viele verraten mir mit Angst in den Augen: »Was soll denn dann auf meiner Visitenkarte stehen?« Das hat nichts mit Vernunft zu tun, eher mit Kultur. In Asien zum Beispiel existiert dieser Standesdünkel nicht. In den USA auch nicht. Dort gilt nicht als richtiger Manager, wer nicht mindestens einmal bankrottging. Das ist Action Management: Handeln ist besser als Reden.

Wie kommen Sie zum Action Management?

Vom Reden zum Handeln

Manchmal sagen mir Manager: »Bei uns wird zu viel gequatscht und zu wenig gemacht. Wie ändern wir das?« Einmal davon abgesehen, dass allein diese Frage schon ein erster Schritt in die richtige Richtung ist, habe ich einige gute Tipps von Action Managern gesammelt. Schauen Sie nicht auf die, die Sie schon kennen. Kreuzen Sie lieber die an, die Sie bereits regelmäßig, intensiv und nachhaltig umsetzen – und benutzen Sie die nicht angekreuzten Tipps als To-do-Liste:

- »In Meetings lassen wir uns gar nicht auf lange Diskussionen ein. Wir fragen relativ schnell: Was wäre der kleinstmögliche Schritt, den wir sofort umsetzen können?«
- »Unnötige Meetings besuche ich nicht oder sage sie ab. Meckert jemand deshalb, sage ich: ›Tut mir leid! Wichtiger Anruf von einem A-Kunden!‹ Das zieht immer!«
- »Ich mache regelmäßig Meta-Kommunikation. Ich sage Gesprächsteilnehmern: Wir reden mal wieder zu viel und machen zu wenig. Was könnten wir jetzt sofort unternehmen?«

- »Vor jedem TOP frage ich: Was soll am Ende rauskommen? Beschluss? Maßnahme? Budgetaufstockung? Und dann verpflichte ich alle auf diesen roten Faden.«

- »Wenn jemand im Meeting bloß informieren will, sage ich ihm, er soll eine E-Mail schreiben.«

- »Ich sage Profilneurotikern und Angsthasen auf den Kopf zu: Du redest nur so viel, weil du dich profilieren willst oder Angst hast. Mach das woanders!«

- »Die Leute reden ja auch deshalb so viel, weil sie sich um Hindernisse herumreden wollen. Also kneife ich Endlos-Diskussionen ab, indem ich frage: Was hindert uns? Wie können wir das Hindernis beseitigen?«

- »Man muss gar nicht so viel moderieren, wenn man die Werte seines Teams festgezurrt hat. Ich predige vor jedem Gespräch, jeder Sitzung: Denkt daran, wir sind Anpacker, keine Schwafler!«

- »Ich sage meinen Leuten ständig: Wenn ihr mal Fehler macht – okay, kann passieren, ist nicht so wild. Aber wenn ihr nichts macht, ist das ein unverzeihlicher Fehler.«

- »Ich lobe immer, wenn einer was macht. Wenn einer nur redet, runzle ich die Stirn und schaue auf die Uhr. Das hilft.«

- »Ich sage meinen Leuten oft: Unterbrecht mich bitte, wenn ich wieder ins Schwärmen komme.«

Was aber tun, wenn »die da oben« lieber reden statt zu handeln? Auch dafür habe ich einige Tipps gesammelt – Originalton Action Manager:

- »Ich rege mich nicht mehr über Projekte auf, über die unsere Vorgesetzten nur reden wollen. Ich fokussiere auf jene Projekte, bei denen sie auch handeln.«

- »Es juckt mich nicht mehr, dass unser Management viele Entscheidungen aussitzt. Ich sage zu jeder Entscheidungsvorlage: ›Wir brauchen Ihre Entscheidung bis kommenden Freitag. Für jeden Tag später verschiebt sich der nächste Meilenstein um eine halbe Woche und der Endtermin um eine ganze Woche.‹ In beiden Fällen gewinne ich: Entweder die Entscheidung kommt schneller oder ich kann hinterher sagen: Bitteschön, hab ich schon damals gesagt!«

- »Wenn unser Lenkungsausschuss sich ins Hemd macht und sich totdiskutiert, reiche ich einem der Topmanager unter der Hand eine gute Ausrede rein: ›Wenn es schiefläuft, können wir immer noch sagen …‹ Sobald sie die Schuld abschieben können, entscheiden sie auch.«
- »Ich sage meinen vorgesetzten Bremsern immer: ›Wenn es schiefgeht – ich übernehme die volle Verantwortung. Aber bitte entscheiden Sie jetzt!‹ Natürlich erfordert das Mut – aber mutig zu sein ist sehr viel befriedigender als feige zu bleiben.«
- »Ich bombardiere die Leute so lange mit zig Handlungsalternativen, bis sie endlich Ja sagen.«
- »Wenn mich ein Vorgesetzter zutextet, frage ich einfach: Dürfte ich auch mal was sagen?«
- »Ich bitte lieber einmal um Entschuldigung als zehn Mal um Erlaubnis.«

Der Drang zum Handeln

Ich fühle mich einfach wohl unter Menschen, die nicht lange herumreden, sondern anpacken. Damit keine Missverständnisse entstehen: Ich sagte »nicht lange«. Natürlich muss man besprechen, diskutieren, brainstormen, konzipieren, analysieren, planen und kontrollieren. Aber ein echter Action Manager scharrt dabei schon ungeduldig mit den Hufen. Denn er will endlich loslegen, anpacken und bewegen. Das ist der kleine Unterschied, der den großen Unterschied ausmacht:

Action Fact

Es gibt Menschen, denen machen Palavern, Bremsen und der große Auftritt Spaß. Und es gibt Menschen, denen macht Anpacken Spaß.

Erstere werden auch Narzissten, Histrioniker oder Paranoiker genannt. *It takes all kinds of people …* Aber Letztere bewegen die Welt. Und darauf kommt es an.

Mach mal!

Action Manager verspüren den Drang zum Handeln.

Alle Kinder spüren ihn (noch): Daher kommt die sprichwörtliche Lust am Klötzchenstapeln und Lego-Basteln. Wenn Sie diesen Drang spüren, wird es Ihnen immer gut gehen.

Mach mal!

Alle Menschen verspüren den Drang zum Handeln. Der Logorrhötiker erstickt ihn, der Action Manager pflegt ihn.

Wir leben in einer Welt der Handlungsblockaden. Schon zappelnde Kinder werden ermahnt, nun endlich still zu sitzen. Als ich einen derart ermahnten Sechsjährigen am Mittagstisch fragte, warum er denn so zappele, sagte er: »Ich bin satt – ich will jetzt weiter an unserem Baumhaus basteln!« Ich habe ihn von der Tafel entlassen. Die Mutter ist mir heute noch böse, weil ich ihre Autorität untergraben habe. Wir Action Manager stecken das weg. Weil wir wissen, dass Handlungsfähigkeit oberste Priorität hat.

Und das Baumhaus ist super geworden.

Der Frust der Führungskräfte

»Die Bremser bremsen den Action Manager. Sie klammern sich an den Status quo. Sie intervenieren beim Chef. Sie machen den Action Manager schlecht. Anerkennung bekommt er nicht oder zu spät.«

»Keiner hat den Mut, so einen Charakterkopf zu loben! Aber wer wird gefragt, wenn Entscheidungen anstehen? Der Action Manager. Das gefällt den Bremsern nicht.«

»Action Manager lernen gerne dazu – Bremser nicht. Action Manager sehen Stillstand als Rückschritt – Bremser als unantastbaren Status quo.«

»Mir wird oft signalisiert, dass man mich nicht mag, weil ich die Dinge bewege. Deshalb machte ich mir mal den Spaß, ein leeres Plakat an die Wand zu hängen und jeden nörgelnden Bremser aufzufordern: ›Tragen Sie sich doch in die Liste der Leute ein, die gerne bremsen.‹«

»Nicht reden – machen!«

»Bei manchen habe ich den Eindruck, ich verängstige sie, weil ich nicht lockerlasse und recht offensiv mit den Tatsachen umgehe.«

»Ich mag's russisch, will heißen: Mach es so einfach, wie es nur irgend geht!«

»Ich muss mich nicht mit dem Verbleib von drei Rollen Klopapier auseinandersetzen, während zur gleichen Zeit 40.000 Euro an unnötigen Zinsen vom Geschäftskonto abgebucht werden (alles schon erlebt)!«

Fehler 3: Inputitis – »Sei sinnlos!«

»Yet the crisis of reason is that it can no longer comprehend the modern world. (…) A rational man devoted to reason must arrive at the conclusion that either the world is mad and he is the only sane man in it, or (…) the sane man is not really sane because his rational propositions are without existential reason.«

Norman Mailer, Cannibals and Christians

»Non cogitant, ergo non sunt.«

Georg Christoph Lichtenberg

Das G'schaftelhuber-Syndrom

Können Sie das glauben? Mitarbeiter, die wegen drei verschwundener Rollen Klopapier (s. o. Kasten, voriges Kapitel) eine fieberhafte Besprechung abhalten, während sie gleichzeitig nonchalant »übersehen«, dass von einem Geschäftskonto 40.000 Euro Zinsen unnötig abgebucht werden! Das ist der Gipfel der Sinnlosigkeit! Das ist verrückt! Verrückt? Ganz im Gegenteil:

Action Fact

Sinnlose Pseudo-Hektik ist das Gebot unserer Zeit!

Im Bayrischen heißen die Anhänger dieser neuen Zeit »G'schaftelhuber«. Das sind Menschen, die hitzig über drei Rollen Klopapier diskutieren, während die Titanic untergeht: kultivierte Sinnlosigkeit. Aber mit System.

Action Fact

Du willst nichts bewegen, aber mächtig wichtig wirken? Dann mach Inputitis!

Das ist typisch für Action-Verweigerer:

Action Fact

Der Passivmanager macht was. Irgendwas. Er maximiert seinen Input. Der Action Manager macht, was Sinn macht: Er optimiert seinen Output.

Was machen Sie? Wie oft am Tag jagen Sie den metaphorischen drei Rollen Klopapier hinterher? Wie oft sind Sie sinnlos unterwegs? Das ist das Gefährliche: Inputitis ist hoch ansteckend. Sie trifft nicht nur Passivmanager. Jede(r) kann darüber stolpern und deshalb mächtig Mist bauen. Wie schützen Sie sich davor?

Immun gegen Inputitis

Wie groß ist Ihr Inputitis-Risiko? Action Manager lassen im Hinterkopf ständig die folgende Diagnose-Subroutine mitlaufen:

Mach mal!

- Feile ich schon wieder an Dingen herum, die eigentlich bereits vorzeigbar sind?
- Beschäftige ich mich mit einer Sache, deren zu erwartender Gewinn/Nutzen kleiner ist als die Opportunitätskosten der nächstbesten Sache?
- Mache ich etwas – oder mache ich das Richtige?
- Liefere ich eine Show ab – oder Ergebnisse?

- Stecke ich mehr in die Aufgabe hinein als für eine auftragsgemäße Lösung sinnvoll ist?
- Mache ich, was der Auftraggeber erwartet? Oder mache ich, wovon ich denke, dass er es erwartet?
- Packe ich das Problem an – oder packe ich seinen Engpassfaktor an?
- Konzentriere ich mich auf den Single Most Important Factor, den größten Hebel? Oder verzettele ich mich (und maximiere damit meinen Input)?
- Kontrolliere ich, was schon andere kontrolliert haben?
- Berufe ich Telkos oder Meetings ein, die ich in der Hälfte der Zeit mit Einzelgesprächen erledigen könnte?
- Erledige ich Delegierbares? Anstatt Mitarbeiter zur Delegationsübernahmereife zu entwickeln?
- Greife ich beim aktuellen Problem zur gewohnten Lösung – anstatt zur besten?
- Rede ich 30 Sätze, wo drei genügen würden?
- Sage ich in Meetings, was andere schon gesagt haben – nur in anderen Worten?
- Maximiere ich meinen Aufwand für die Sache und ignoriere den Aufwand für den »Faktor Mensch«?
- Stecke ich Input rein – ohne vorher überlegt zu haben, wie ich den Output controlle?
- Gibt es eine aufwandsarme Lösung, zum Beispiel mit ESD-Kosten (»Eh-schon-da-Kosten«)?
- Was passiert, wenn ich den Aufwand um ein Drittel reduziere? Um die Hälfte?
- Habe ich überprüft, ob wirklich die Welt untergeht, wenn ich diese Aufgabe auslasse?
- Habe ich ein Benchmark der aufwandsärmsten Lösung? Und warum richte ich mich nicht danach?
- Macht es Sinn, was ich mache?

Welche Fragen fallen Ihnen noch ein? Sie werden sie brauchen. Denn der Inputitis-Virus ist schlimmer als die Schweinegrippe. Diese Viren-Impfung ist aber relativ komplex? Unfug! Die drei ersten dieser Fragen stellt mir meine Frau regelmäßig mitten in der Nacht. Wenn sie kurz vor 23 Uhr den Kopf in mein Arbeitszimmer steckt, fragt sie oft: »Komm doch endlich zu Bett! Ist das wirklich nötig, was du da wieder herumfeilst? Bringt dir das jetzt mehr als früh zu Bett zu gehen und morgen top ausgeschlafen zu sein? Es ist schön, dass du noch so fleißig bist – aber ist das zu so später Stunde noch angebracht und produktiv?« Das ist nichts anderes als die umgangssprachliche Paraphrase der ersten drei Immun-Fragen. Das ist Action Management! Und, nein: Ich leihe Ihnen keinesfalls meine Frau als immunologische Stichwortgeberin aus. Mir wäre es lieber, Sie benutzen die obige Checkliste … Deren ultrakurze Ikea-Fassung lautet übrigens – Sie erraten es:

Mach mal!

Inputten Sie noch? Oder outputten Sie schon?

Nun sind die obigen Checkfragen alle recht harmlos, BWL 101, pipifax, total trivial. Warum werden sie dann von Passivmanagern gemieden wie das Weihwasser vom Teufel? Weil es sich im Management auszahlt, sinnloses Zeug zu veranstalten. Man nennt das auch Impression Management.

Stell dich dumm! Der Impression Manager

Warum zwei Stunden über drei Rollen Klopapier diskutieren? Weil sich dabei selbst der Unbedarfteste extrem profilieren kann – bei Klopapier kann immerhin jeder mitreden.

Action Fact

Inputitis ist das Instrument des Impression Managers: »Schaut her, wie ich wieder wirble!«

Inputitis ist Imagepflege. Je sinnloser einer wirbelt, desto leichter und heftiger lässt sich's wirbeln, desto stärker steigert er sein Image. Deshalb berichten Minister gerne, wie viele Millionen sie wieder irgendwo reingesteckt haben (Input). Wenn sie berichten würden, was dabei herausgekommen ist (Output), wäre das weitaus weniger prestigeträchtig; eher gefährlich für ihre Wiederwahl. Deshalb wirbelt der Impression Manager lieber wie ein irrer Derwisch zwei Stunden auf einem sinnlosen Meeting herum, als wirklich etwas zu bewegen. Das macht Eindruck! Aber wer fällt heutzutage noch darauf herein?

Sie vielleicht nicht, aber ein Großteil der Geschäftsführungen lassen sich immer noch vom Impression Manager beeindrucken. Viele Konzernleitungen fallen auf das Impression Management ihrer Narzissten und Histrioniker (das sind die, die besonders theatralisch auftreten) herein und befördern bevorzugt Pseudo-Dynamiker, Windbeutel-Wirbler, Inputitis-Hektiker und Schaumschläger. Inputitis lohnt sich also, weshalb ich sie eigentlich empfehlen sollte: »Stellen Sie sich dumm! Maximieren Sie Ihren Input!« Warum empfehle ich Ihnen das trotzdem nicht? Sie ahnen es. Weil Inputitis wie ungeschützter Sex in einem asiatischen Bordell ist: sehr preisgünstig, aber extrem teuer.

Action Fact

Inputitis wird mit Kastration bezahlt.

Wer zu lange Inputitis betreibt, möchte zwar manchmal noch etwas bewirken. Aber er kann nicht mehr, weil er sich zu lange auf Inputmaximierung konzentriert hat. Wie man Output auf dem Niveau seiner Peers produziert, hat er oder sie »verlernt«: Use it or lose it! Fragen Sie Tanja. Tanja kennt sich mit impotenten Managern aus.

Tanjas Story: Management by Impotenz

Tanjas Firma verliert massiv Kunden: Die Konkurrenz hat eine bessere Kundenbindung. Zum Beispiel in Form von Trainings für die Monteure der Kunden. Also beschließt die Geschäftsleitung von Tanjas Firma, dass sie ebenfalls einen Trainingsraum samt Equipment braucht. Der Raum soll direkt an den Showroom anschließen. Tanja arbeitet zusammen mit Vertrieb, Marketing, Service, Trainingsabteilung und Innenarchitekt in wenigen Wochen ein Konzept aus und braucht nur noch den Bescheid von ganz oben, um loszulegen. Aber es kommt kein Bescheid.

Sechs Monate wartet Tanja. Sechs Monate lang maximiert die Geschäftsleitung ihren Input mit relativ sinnlosen Beratungen zum vorgelegten Konzept. Als der Beschluss endlich fällt, ist er negativ: Das Konzept wird verworfen. Warum die Geschäftsleitung es ablehnt, wird nicht kommuniziert. Tanja: »Rätselraten wie in einer schlechten Ehe, wenn die Frau angeblich Migräne hat und der Mann nicht weiß, was er jetzt wieder angestellt hat!« Tanja muss von null anfangen, ein neues Konzept ausarbeiten. Währenddessen verliert ihr Unternehmen Kunden wie ein inkontinenter Gaul das Wasser. Tanja fragt sich, was »die da oben eigentlich den ganzen Tag so machen«. Eines Tages erfährt sie es. Sie erhält eine »dringliche« Anfrage von ganz oben. Die Geschäftsleitung fragt in scharfem Ton bei ihr an, wann der neue Trainingsraum denn endlich komme, das dauere alles viel zu lange … What the …?

Jetzt im Ernst? Manager blockieren Entscheidungen und wollen dann wissen, wer die Entscheidungen blockiert? Das ist der Gipfel der Demenz, der Fujiyama der Schizophrenie? Wer nie im Management gearbeitet hat, kann das kaum fassen. Aber das ist typisch Action-Verweigerer! Wobei Tanjas Geschäftsleitung nicht einfach in einer Pressemitteilung mitgeteilt hat: »Ab sofort verweigern wir sämtliche strategischen Entscheidungen!« Nein, sie hat das viel hinterlistiger gemacht: Sie hat den gründlichsten Analyse- und Entscheidungsprozess auf ein Projekt angewandt, das die schnellstmögliche Entscheidung gebraucht hätte. Ist Tanjas Geschäftsleitung völlig gaga? Nein – sie ist nicht gaga, sondern ausgerutscht. Auf einem Bias.

Der Availability Bias

Jeder von uns baut schon mal Mist. Wenn Ihnen jedoch hinterher ein Licht aufgeht und Sie sich fragen, wie Sie sich überhaupt zu so einem – im Rückspiegel betrachtet – absolut vermeidbaren Fehler haben verleiten lassen, dann ist unter Garantie ein Bias (das ist eine kognitive Verzerrung, ein unwillkürlicher Denkfehler) schuld – nämlich:

> **Der Availability Bias**
>
> Menschen greifen vor allem unter Stress unbewusst nicht zur besten, erfolgversprechenden, zielführenden, nötigen oder nützlichen Strategie, Taktik, Vorgehensweise oder Lösung, sondern zu der, die ihnen aufgrund ihrer Erfahrung, Persönlichkeit und Gewohnheit im Augenblick verfügbar ist (englisch: available).

Menschen machen in der Regel nicht das, was sinnvoll ist, sondern – wie der US-Psychologe Noam Shpancer formuliert: »Wir tun, was wir *kennen*.« Sind wir so leicht hinters Licht zu führen? Ja – aber das ist nicht unsere Schuld. Wir wurden in den letzten 40.000 Jahren von der Evolution so kalibriert: Wenn mein Hirn automatisch auf »Modus Operandi« (MO = Gewohnheitsverhalten) schaltet, muss ich beim überraschenden Auftauchen eines Säbelzahntigers nicht jedes Mal neu kalkulieren – und dabei wertvolle Zeit verlieren mit der Frage: wegrennen oder stehen bleiben?

Der MO von Tanjas Geschäftsleitung lautet: Sämtliche Entscheidungen werden ausnahmslos gründlich geprüft. Die Geschäftsleitung benutzt diesen MO *unbewusst*. Sie hat sich nie wirklich Gedanken dazu gemacht. Sie denkt, das müsse so sein, das sei normal. Dass es nicht der Normalität, sondern dem Availability Bias entspricht, darauf kommt sie nicht (es mangelt ihr an Reflexionskompetenz; s. Kapitel »Hybris«). Also prüft sie die Entscheidung zum Trainingsraum ebenfalls, aber völlig unangebracht gründlich. Im Seminar kommt an dieser Stelle immer der Zwischenruf: »Aber die Geschäftsleitung schadet sich damit doch selbst! Sie verliert unnötig Kunden!« Eben. Genau dieses absurde, aber fürs Management typische Bullshit-Verhalten erklärt der Availability Bias:

Action Fact

Der Mensch macht reflexartig nicht das Sinnvolle, sondern das ihm Verfügbare: Availability bricht Vernunft und Kalkül und vor allem die Wahrnehmung drohender Konsequenzen.

Fragen Sie das Vorstandsmitglied, das sich zum dritten Mal von der dritten Vorzeige-Blondine scheiden lässt, und der arme Kerl antwortet: »Ich *kenne* mein Beuteschema – aber ich *kann* irgendwie nicht anders!« Fragen Sie irgendeinen Raucher, Trinker, Spielsüchtigen, Choleriker, Narzissten oder Paranoiker, warum er tut, was ihm schadet, obwohl seine Vernunft ihm sagt, dass es ihm schadet: Weil er nichts anderes kennt!

Action Fact

Man *kann* nur, was man *kennt*.

Das ist die Katastrophe? Nein, das ist der kleine Unterschied.

Action Fact

Der Passivmanager macht, was er immer macht. Der Action Manager macht, was Sinn macht.

Der Passivmanager rutscht unreflektiert auf dem Availability-Reflex aus. Der Action Manager schaltet zwischen Reiz und Reaktion sein Wachbewusstsein und fragt sich: »Schieße ich grade wieder aus der Hüfte? Oder macht das Sinn, was ich da mache?« Dieser kleine Unterschied lässt sich auf einen einzigen Imperativ komprimieren. Es ist der Normativ des Action Managers. Wenn Sie sich aus diesem Kapitel nur einen einzigen Satz merken wollen, dann diesen:

Mach mal!

Mach, was Sinn macht!

Warum zögern Sie? Weil Sie ahnen, was passiert, wenn Sie plötzlich Sinn machen? Was passiert denn dann?

Adverse Action: Sinn unerwünscht

Es ist heutzutage saugefährlich, Sinn zu machen. Tanja macht, was Sinn macht, und was hat sie davon? Trouble mit der Geschäftsleitung! Die Geschäftsleitung macht Tanja für die Projektverzögerung verantwortlich! Man könnte fast sagen:

Action Fact

Machen Sie Sinn und Sie gefährden Ihre Karriere!

Tanja versteht das nicht. Sie sagt: »Warum arbeitet meine eigene Geschäftsleitung gegen mich? Das gibt es doch nicht!« Tanja weiß noch nicht, dass die Geschäftsleitung einem paradoxen Muster folgt.

Die Adverseaction-Paradoxie

Wer Ihnen einen Auftrag gibt, behindert ihn auch!

Passivmanager kriegen normalerweise den Hintern nicht hoch. Wenn sie sich aber endlich doch mal berappeln und Action machen, ist es oft Adverse Action (wörtlich: feindliche Handlung). Tanja tobt: »Warum arbeiten meine eigenen Vorgesetzten gegen mich?« Tanja sollte sich von der Sinnlosigkeit der Saboteure nicht anstecken lassen und aufhören, sinnlose Fragen zu stellen. Sie sollte lieber ihre Erwartungshaltung korrigieren.

Mach mal!

Ein Passivmanager gibt Ihnen einen Auftrag und sagt: »Sie haben meine volle Unterstützung!« Glauben Sie kein Wort! Er wird Ihnen jeden Stein in den Weg legen, dessen er habhaft werden kann: Adverse Action! Anstatt sich darüber aufzuregen, rechnen Sie damit – und Sie werden niemals enttäuscht werden!

Bitte keine Panik: Dass Sie jederzeit von Passivmanagern Adverse Action erwarten sollten, heißt nicht, dass Sie diesem »Störfeuer« hilflos ausgeliefert sind. Es gibt Gegenmittel. Sie kennen schon eines: das Fade-in (s. Kapitel »Hybris«).

Mach mal!

Passivmanager blenden Sinn systematisch aus. Blenden Sie ihn wieder ein: sachte, aber konsequent (das heißt unter Verwendung der Konsequenzen der Sinnlosigkeit).

Tanja benutzt das Fade-in, als sie ihr zweites Konzept vorlegt und – oh Wunder! – auch dieses erst einmal drei Wochen ohne Entscheidung bleibt. Sie sagt dem Geschäftsführer: »Ich verstehe, dass Sie Ihre Entscheidung reiflich überlegen möchten (Pacing). Wir verlieren jedoch jetzt schon im Schnitt 50.000 Euro Umsatz im Monat wegen mangelnder Kundenbindung (Konsequenz). Dieser Umsatzverlust reduziert auch alle Erfolgsboni!« – »Ist das nicht offensichtlich?«, fragt Tanja im Coaching. »Es ist doch auch sein eigener Bonus! Das weiß der doch!« Nein, ganz offensichtlich nicht – sonst hätte er längst entschieden. Er hat es vergessen, weil der Availability Bias (s. o.) ihm einflüstert: »Immer erst alles gründlich prüfen!« Daran denkt er – und nicht an seinen eigenen Bonus. Deshalb sollte Tanja ihn sanft daran erinnern. Frage: Wer erinnert Sie daran?

Die operative Versuchung

Gute Manager machen, was Sinn macht. Wenn ich jedoch Führungskräfte coachend bei ihrer Arbeit begleite, beobachte ich immer wieder Rückfälle in die Sinnlosigkeit: Sie korrigieren zum Beispiel die Kundenkorrespondenz ihrer Mitarbeiter auf Tippfehler, kontrollieren ellenlange Berichte und rechnen Zahlenreihen nach. Das sind alles nötige und nützliche Aufgaben – aber doch nicht für eine Führungskraft! Passiert Ihnen das auch häufiger, als Ihnen lieb ist? Warum? Antwort: Availability Bias. Wir machen reflexhaft nicht das, was Sinn macht, sondern das, was uns unsere Gewohnheiten gerade zur Verfügung stellen.

Und was ist immer und überall üppig verfügbar? Richtig geraten: das verdammte Operative! Deshalb wird der Bias auch »Schreibtisch-Bias« oder »Mailbox-Bias« genannt: Alles, was auf dem Schreibtisch oder in der Mailbox landet, wird brav abgearbeitet! Warum?

Wenn ich Führungskräfte beim Operativen »ertappe«, sagen mir viele: »Ich weiß schon, dass ich eher fürs Strategische zuständig bin …« Warum kümmern sie sich dann nicht darum? Weil viele nicht wissen, was »das Strategische« ist. Ja klar, irgendwie hat das was mit langfristiger Perspektive zu tun. Aber das ist zu schwammig, um sie vor der operativen Versuchung zu schützen! Besser ist Strategic Awareness (das Bewusstsein schafft das Sein).

Mach mal!

Was sind Ihre drei langfristig vorrangigen strategischen Aufgaben? Antworten Sie bitte so konkret wie möglich!

Bitte keine Selbstvorwürfe: Meiner Erfahrung nach können nur knapp 30 Prozent aller Führungskräfte ihr strategisches Dreieck aus dem Stand angeben (und für die private Lebensplanung noch viel weniger). Macht nix – sofern Sie das nachholen. Wenn möglich gleich. Kleiner Tipp: Weil die Aufgabe so groß, eben strategisch ist, beschleunigt ein Coach oder Mentor den Prozess. Sie kennen Ihre strategischen Schwerpunkte? Sie fallen trotzdem noch zu oft auf die operative Versuchung herein? Dann hilft Ihnen das Operativ-Verbot.

Das Operativ-Verbot

Am besten, Sie verbieten sich alles, was keinen Sinn macht, a priori kategorisch. Sprich: den ganzen operativen Kram. Geht aber nicht? Das dachte Monika auch.

Monika ist Abteilungsleiterin, sehr erfolgreich, leidet aber selber an »starker Sinnlosigkeit: Ich laufe jeden Tag dem operativen Kram hinterher! Ich komme nicht zu den Dingen, die Sinn machen, die wirklich langfristig vorrangig sind!« Steht eine Maschine still, erscheint Monika auf dem Shop Floor. Hat ein Mitarbeiter ein Problem, hilft sie aus: »Das Operative frisst mich auf!« Das ist immer ein Irrtum: Das Operative frisst nur operative Hektiker auf.

Action Fact

Sie sind operativ-süchtig? Gehen Sie Cold Turkey!

Das ist kein türkisches Nationalgericht, sondern eine Radikalmethode des Sofortentzugs. Monika geht eher zufällig auf Entzug, als sie ihren Bereichsleiter auf eine Wochen-Exkursion ins Ausland begleiten muss und ihre Abteilung während dieser Woche nicht zusammenbricht – obwohl sie nicht den Müllkübel für alles Operative spielt! Nein, ihre Mitarbeiter behelfen sich eigenständig – mit Monikas fernmündlicher Unterstützung. Bei Monika fällt der Groschen. Sie fordert sich selbst auf:

Mach mal!

Erteilen Sie sich selbst ein Verbot für operative Aufgaben! Machen Sie diesbezüglich Management by Exception!

Drehen Sie Ihre bisherige unbewusste Entscheidungsregel um. Von »*Ablehnung* operativer Aufgaben nur im Ausnahmefall« auf »*Annahme* operativer Aufgaben nur im Ausnahmefall«. Monika reduziert damit bereits in der ersten Woche ihren operativen Workload um die Hälfte. Natürlich kriegen ihre Mitarbeiter nicht immer alles selber geregelt – aber genau das sind die Ausnahmen, in denen sich Monika auch einmal das Operative erlaubt. Zusätzlich zum Operativ-Verbot genehmigt sich Monika einen SAM – nein, keinen Callboy für weibliche Führungskräfte, sondern:

Mach mal!

Strategic **A**ction **M**aximization: Terminieren Sie so viele strategische Aufgaben wie möglich.

Monika sitzt zum Beispiel nicht mehr mit ihren eigenen Mitarbeitern zu Tisch, sondern mit Managern aus anderen Abteilungen, oft sogar aus anderen Firmen (sie arbeitet in einem Industriegebiet): »Was ich da an Anregungen bekomme! Endlich schmore ich nicht mehr im eigenen Saft! Mit den vielen guten Ideen kann ich meine Abteilung endlich strategisch weiterentwickeln!« Das ist trivial? Gut erkannt. Dann haben Sie sicher nichts dagegen, wenn ich Sie frage: Wie viele Mittage sitzen Sie mit Managern anderer Abteilungen und/oder Firmen zu Tisch? Ihnen ist die Frage peinlich? Das könnte am Single Loop liegen.

Raus aus dem Single Loop!

Warum bauen Manager oft so sinnlosen Mist? Der amerikanische Management-Guru Chris Argyris wollte das schon vor Jahren wissen. Er untersuchte Tausende Manager und entdeckte den Single Loop.

Danach hängen Passivmanager fast permanent in einer einfachen, eindimensionalen, eng begrenzten Denkschleife (eben: Single Loop) fest. Sie denken zum Beispiel: »Wie kann ich den CO_2-Ausstoß unserer Autos noch um ein paar Mikrogramm senken?« Action Manager dagegen schaffen den Übergang vom Single zum Double Loop (übergeordnete Denkweise): »Warum überhaupt noch Autos bauen? Warum bieten wir nicht vollintegrierte *Mobilitätskonzepte* für urbane Räume an und verdienen uns damit eine goldene Nase, wenn das Auto langfristig sowieso aus den Metropolen verschwindet?« Simples Rezept? In der Tat. Alle Manager verstehen den Double Loop im Seminar – und wenn ich sie zwei Wochen später besuche, ertappe ich sie doch wieder im Single Loop. Zum Beispiel Alex.

Alexanders Firmenleitung macht Druck. Die Jahresziele sind gefährdet, die Stimmung ist schlecht, ein starker Konkurrent wirbt Kunden ab. Also gibt der Vorstand die Parole aus: »Kunden halten!« Einer seiner Sales Manager kommt zu Alexander und klagt: »Ich betreue Interessenten und Kunden, deren Wünsche sind so komplex, dass wir sie zuerst mit drei weiteren Abteilungen abstimmen müssen! Das dauert mindestens vier Wochen! Die meisten Kunden springen schon nach zwei Wochen ab! Was sollen wir tun?« Was würden Sie raten?

Prozessoptimierung? Angebotsdurchlauf von vier auf zwei Wochen verkürzen? Den anderen Abteilungen Dampf machen? Einen »Premium-Prozessablauf« für Eil-Angebote etablieren? Geschäftsleitung einschalten? Teambuilding zur Optimierung funktionsverbindender Schnittstellen? Danke für die Klassiker: astreiner Single Loop. Alexander ist darauf so oft hereingefallen, dass er inzwischen schlauer ist. Auch in diesem Fall. Deshalb fragt er den Manager, der mit dem Problem zu ihm kam: »Bei wie vielen Ihrer Anfragen läuft das denn so?« Der Manager überlegt und sagt: »Schätze so ein bis zwei Prozent.« Alexander fällt fast aus dem Sessel: »Sind Sie noch bei Trost? Lassen Sie die gefälligst sausen! Höfliche Absage, die besten Wünsche unsererseits und: Konzentriert euch gefälligst auf die anderen 98 Prozent!« Tadelloser Double Loop. Haben Sie von Anfang an darauf getippt? Gratulation! Wie kann es dann sein, dass in 90 Prozent aller Verkaufstrainings und -besprechungen an notorischen Sonderfällen herumgedoktert wird, während die Bedürfnisse und Bedarfe der sprichwörtlichen 98 Prozent nicht thematisiert werden? Aus einem einfachen Grund:

Action Fact

Der Inputist verdrängt das Wesentliche.

Der Inputist ist nicht am Wesentlichen interessiert. Er steht auf Tool-Befriedigung.

Tool-Befriedigung

In Lenas Konzern hängt eine Ländertochter durch. Die Konzernvertriebsleitung beschließt: »Wir brauchen mehr Transparenz und wir brauchen mehr Business!«

Der Konzern verfügt über ein tadelloses IT-Tool fürs Vertriebscontrolling: Alles wird erfasst! Also bekommen die 84 Verkäufer der Ländertochter die Aufgabe: »Arbeiten Sie die folgende Liste von 1.000 potenziellen Interessenten durch und berichten Sie detailliert mittels Tool!« Entweder man generiert damit Business oder man weiß danach zumindest mehr. Die Liste geht raus, die Liste wird durchgeackert, die Liste läuft rück – Ergebnis? Sie ahnen es.

Kein verwertbares Ergebnis, kaum Umsatz generiert, unklare Datenlage. Was tun? Logisch, Single Loop (s. o.): mehr desselben! Zweite Liste mit 1.000 Prospects. Die Verkäufer stöhnen, aber machen. Dasselbe Ergebnis. Was ist passiert? Worauf tippen Sie? Gut getippt: Die Verkäufer haben brav die 2.000 Telefonnummern durchtelefoniert, Gespräche geführt, Termine vereinbart, Prospekte vorgelegt – aber verkauft haben sie so gut wie nichts. Denn in krassem Gegensatz zu ihrer Vertriebsleitung sind die Verkäufer doubleloop-kompetent. Sie haben gelernt: »Hoppla! Wir werden neuerdings nicht mehr fürs Verkaufen bezahlt, sondern fürs Listenausfüllen!« Genau das machten sie dann auch wie die Weltmeister – ohne auch nur entfernt an Abschlüsse zu denken. Das bezeichnet man als »Tool-Befriedigung«:

Action Fact

Der Action Manager macht, was Sinn macht. Der Passivmanager befriedigt sein Tool.

Leider weiß nur der Action Manager:

Action Fact

Der Sinn, das Wesentliche steht nie in einer Liste!

Als die Genies im Headquarter das endlich auch erkennen, schicken sie einen Coach los, der nach fünf Tagen in den Niederlassungen einen detaillierten Katalog mit Gründen vorlegt, warum die Verkäufer so schwach verkaufen. Die Ursachen werden behoben – ohne dass auch nur eine einzige IT-Liste zum Einsatz kommt. Was war wesentlich? Nicht IT-Listen auszufüllen, sondern den Verkauf anzukurbeln. Wenn Sie Hochleister beobachten, werden Sie feststellen: Die konzentrieren sich wie ein guter Scharfschütze geradezu fanatisch auf das Wesentliche. Das fällt Ihnen manchmal schwer? Warum? Fragen wir Helge.

Helges Story

Helge arbeitet bei der Hotline eines IT-Unternehmens. Ein Kunde ruft an und beschwert sich darüber, dass bei seinem Mobilgerät eine Funktion nicht aktiv ist. Helge löst das Problem, legt dann aber nicht auf, sondern sagt dem Kunden: »Ich sehe gerade, Sie laden noch mit Kabel. Eine Docking Station wäre doch viel angenehmer. Kost' auch bloß 30 Euro.« Der Kunde fragt: »Gute Idee, schicken Sie es raus – warum hat mir das vorher noch keiner gesagt?«

Weil 27 Supporter bei dieser Firma jeden Tag die Stammdaten jedes Kunden rauf und runter studieren – und 26 von ihnen dabei das Wesentliche übersehen: Kundenzufriedenheit und Umsatz. Warum? Ein Blick in Helges Abteilung spricht Bände.

Helge macht jede Woche einen vierstelligen Betrag an Zusatzverkäufen. Was schätzen Sie: Was verkaufen seine 26 Kollegen? Richtig geraten: im Schnitt – nichts. Helge wird von seinem Vorgesetzten (Passivmanager) nicht nur nicht gelobt, dass er etwas Sinnvolles macht. Nein, als der Kunde, dem er die Docking Station verkauft, auf der Homepage Rückmeldung gibt und die »starke Kundenorientierung Ihres Hotline-Mitarbeiters« namentlich lobt, zitiert der Vorgesetzte Helge zu sich und sagt, was? Genau: »Sie sollen sich um Reklamationen kümmern und nicht um den Verkauf! Sie sind Supporter und kein Verkäufer!« Als Helge zaghaft einwendet, dass es für ein Unternehmen durchaus Sinn machen könne, wenn alle Mitarbeiter mit Kundenkontakt auch verkaufen würden, sagt der Vorgesetzte: »Das ist nicht Ihre Aufgabe!« Aha. Kunden zufriedenzustellen ist nicht Helges Aufgabe.

Helges Vorgesetzter schafft es nicht, dass sich seine Leute aufs Wesentliche konzentrieren. Er schafft es ja nicht mal selber. Schaffen Ihre Leute das?

Konzentration auf das Wesentliche

Mitarbeiter verzetteln sich gerne. Sie kümmern sich liebevoll und ausdauernd um Sinnloses. Wie bekommen Sie sie zurück auf den Pfad der Tugend? Damit:

Mach mal!

1. Definieren Sie in nur ein bis zwei Sätzen, was »das Wesentliche« ist!

2. Repetieren Sie wie ein Prediger täglich Ihr Mantra des Wesentlichen, zum Beispiel: »Leute, auch heute gilt wieder: Wir übertreffen Kundenerwartungen!«

3. Konkretisieren und klassifizieren Sie die Optionen der Mantra-Umsetzung, zum Beispiel: »Das heißt: Wenn aus Anfrage oder Stammdaten ersichtlich: Zubehör anbieten!«

4. Machen Sie sich die Prinzipien des Storytelling zunutze und erzählen Sie spannende Erfolgs- und Lehrgeschichten darüber, wie das Wesentliche das Unternehmen und auch die Mitarbeiter weiterbringt!

5. Gemacht wird, was belohnt wird! Anerkennen Sie die Konzentration aufs Wesentliche mit lautem Pedal, zum Beispiel: »Alex hat diese Woche für 800 Euro Zubehör verkauft! Applaus für Alex!«

6. Mahnen Sie Verstöße konsequent an: »Der Kunde nutzt unseren Pulldown-Service noch nicht? Warum haben Sie ihn nicht darauf angesprochen?«

Das ist alles super-trivial? Das ist es. Warum schaffen dann viele Manager diese Big Six nicht? Deshalb:

Die 7 Sinnsünden der Passivmanager

1. Passivmanager schaffen keine Definition des Wesentlichen in ein bis zwei Sätzen – sie erzählen Romane, aus denen keiner schlau wird.

2. Sie sprechen viel zu wenig über das Wesentliche, ihr Argument: »Aber meine Leute wissen doch, was wichtig ist!« Umfragen unter den Mitarbeitern ergeben regelmäßig: Zwei Drittel wissen es nicht, haben es vergessen oder haben es missverstanden.

3. Sie sind sich zu schade, das Mantra des Wesentlichen zu wiederholen: »Das habe ich doch schon oft gesagt!« Offensichtlich nicht oft genug!

4. Das heißt: Sie können nicht verkaufen. Sie glauben noch: »Angewiesen heißt ausgeführt!«

5. Sie können »das Wesentliche« nicht konkretisieren, weil sie selber nicht wissen, was es konkret heißt.

6. Sie können oder wollen nicht mit positiver Verstärkung (Anerkennung) arbeiten. Das heißt, sie nehmen an, dass die Leute von sich aus tun, was sie tun sollen: »Dafür werden sie schließlich bezahlt!« Wer das glaubt, glaubt auch, dass Zitronenfalter Zitronen falten.

7. Sie mahnen Verstöße konsequent an, doch leider so, dass der Mitarbeiter zwar weiß, was er nicht tun soll (das weiß er sogar meist selber schon), aber nicht weiß, was er stattdessen tun soll.

Wenn Sie diese sieben Fehler bereits erfolgreich vermeiden und Ihre Leute immer noch zu viel Unfug anstellen, sollten Sie prüfen, ob vielleicht die Paranoia grassiert.

E-Mail-Paranoia

Als sich ein Kunde in Jakobs Ingenieurbüro über eine zu lange Wartezeit beschwert und Jakob daraufhin den zuständigen Ingenieur zur Rede stellt, sagt dieser: »Ich bin einfach noch nicht dazu gekommen!« Warum nicht?

Weil er Mails an seine Kollegen schreiben musste – wie Jakob herausfindet. Jakob tobt: »Seid ihr verrückt geworden? Ihr werdet fürs Konstruieren bezahlt und nicht dafür, dass ihr euch gegenseitig Mails schreibt! Wer kam denn bloß auf diese bescheuerte Idee?« Jakob. Wie? Was tippen Sie?

Action Fact

Die schnellste Art, Ihre Mitarbeiter vom Wesentlichen abzubringen, ist die Sündenbock-Safari!

Jakob ist ein sehr genauer Abteilungsleiter – das ist seine Stärke. Leider übertreibt er diese Stärke und macht regelmäßig Mitarbeiter zur Schnecke, die sich Fehler leisten. Die Mitarbeiter lernen dadurch jedoch nicht: Vermeide Fehler! (Single Loop, s. o.). Sie lernen: Cover your ass! (Double Loop). Also schreibt jeder wie wild E-Mails, stundenlang pro Tag, denn: »Wenn dann die Kacke am Dampfen ist, kann ich mit Verweis auf meine E-Mail-Ablage beweisen, dass nicht ich schuld daran bin!« Resultat: Das Wesentliche wird dafür geopfert, um den eigenen Hintern zu retten. Die Kunden warten sich in der Zwischenzeit den Wolf. Und wandern ab. Oder fordern mehr Rabatt.

Mach mal!

Sie wollen die Konzentration auf das Wesentliche? Schaffen Sie die Hexenjagd ab!

Jakob schafft das inzwischen. Er sagt nicht mehr: »Wer hat das wieder verbrochen?« Er sagt: »Mist verdammter! Aber wenn das schon mal passiert ist: Wie reparieren wir das schnellstmöglich? Wer macht das? Wie können wir das künftig vermeiden?« Das ist aber wieder einmal so was von trivial? Bitte beleidigen Sie Jakob nicht! Er brauchte sechs Wochen für diese radikale Umstellung seiner Führungskommunikation. Die meisten Manager schaffen das ein Leben lang nicht. Sie brauchen ihnen lediglich zuzuhören. Doch hören Sie auch sich selbst zu?

Sag Nein! Mach Triage!

Dass Manager zu oft das Wesentliche vernachlässigen, liegt auch daran, dass sie nicht gut Nein sagen können. Das lässt ihr Stolz nicht zu: Nein sagen könnte ihren Nimbus als Weltenretter beschädigen. Sie könnten zu einer Aufgabe Nein sagen, die sich hinterher doch als wichtig herausstellt, jemand könnte sich anschließend über sie beschweren oder das Nein könnte als »Weiß ich nicht!« missinterpretiert werden. Also machen sie alles, was anfällt – und das wirklich Wichtige wird verdrängt. Dieses Verhalten nennt man auch Crowding-out.

Alexander Picker, einer der Top-Manager, die ich kenne und schätze, meint dazu: »Vor allem junge Manager tappen in die Crowding-out-Falle. Sie arbeiten einfach den ganzen Input ab, der auf ihrem Tisch landet. So kommt man nie auf einen grünen Zweig!« Picker passiert das schon lange nicht mehr: »Wenn ich 100 Posteingänge habe, weiß ich ganz genau, welche 20 ich sofort aussortieren kann, welche 20 ich auch noch morgen erledigen kann, welche 20 ich delegieren werde, welche 20 sofortiges Handeln gebieten und welche 20 länger warten können.« Was macht Picker da? Er macht Triage.

Triage ist etwas Dramatisches. Sie wurde in den frühen Kriegen entwickelt. Kommt der Feldarzt auf das Schlachtfeld, ist seine mickrige Ressource im Vergleich zum überwältigenden Bedarf so hoffnungslos überstrapaziert, dass er niemals nach dem Input-Prinzip (»Alles abarbeiten!«) handeln darf: Das würde Menschenleben kosten! Also kann und muss jeder erfahrene Arzt auch heute bei jeder Autobahn-Massenkarambolage in Windeseile drei Arten von Opfern unterscheiden: Leider schon tot – nicht mehr zu retten – noch zu retten! Und nur auf die letzte Kategorie konzentriert er seine Kräfte. Machen Sie das mal im Management!

Nein, im Ernst: Ich kenne eine Abteilungsleiterin, die sagte irgendwann zu ihren 14 Leuten: »Wir sind total überlastet! Ab sofort entscheiden wir bei jeder neuen Aufgabe: Müssen wir – können wir – wollen wir.« Schon im ersten Meeting wurden 30 Prozent des Workloads ignoriert, weil sie eben nur »können wir« waren. Andere Action Manager machen Triage mit »Wichtig – dringend – irrelevant«. Wieder andere sinnfällig mit »Top-Priorität – sekundär – tertiär.« Was sind Ihre Triage-Kriterien? Oder hätten Sie lieber die Brutal-Version?

Brutal-Triage

In der Brutal-Version schrumpft die Triage auf eine einzige Kategorie zusammen. Auch wenn ich mich damit unbeliebt mache: Ich bin glühender Anhänger dieser Version. Aus Erfahrung.

Früher war ich der gute Mensch von Sezuan und sagte zu allem, was man mir hinwarf: »Gib her, das mach ich auch noch schnell!« Die Vernachlässigung meiner strategischen Aufgaben war gravierend! Sie währte nur kurz. Denn schnell war ich so überlastet, dass ich den nächsten, der mit einem Problem ankam, anblaffte: »Gute Frage – ich weiß die Lösung auch nicht!« Seither mache ich das immer (wenn es keine strategische Aufgabe ist).

Kriegen die Leute daraufhin keinen Schock? Das werde ich oft gefragt – übrigens auch von Eltern mit allzu unselbstständigen Kindern. Aus Erfahrung kann ich sagen: Nein. Der Bittsteller erwidert meist spontan: »Ich weiß es erst recht nicht!« Worauf ich das Gaspedal noch stärker durchdrücke und sage: »Okay, dann lassen wir das liegen, dann ist das bestimmt nicht so wichtig.« Entweder stimmen die Leute zu – und wir haben beide gewonnen, weil wir uns unnötige Arbeit erspart haben. Oder sie protestieren vehement und sagen: »Wie? Nein! Darum müssen wir uns jetzt kümmern! Könnten wir nicht Folgendes machen …?« Dann drehe ich den Spieß vollends um.

Ich frage nach: »Das wollen Sie machen? Warum? Was wären die Vorteile? Die Nachteile? Was kostet uns das?« Und dann erklären jene Leute mir die Lösung, die vorher von mir die Lösung wollten. Sie dürfen das RVR nennen: Radikale Verantwortungsrückdelegation. Und wenn der Mitarbeiter die Verantwortung für die Lösung nicht übernehmen will?

Dann frage ich so lange nach, bis er es tut. Manchmal mache ich auch Meta-Kommunikation: Ich rede über das, worüber wir reden. Ich sage: »Sie müssen nachher die Lösung umsetzen. Und Sie wissen besser als ich: Wenn es meine Lösung ist, machen Sie das nicht so gerne, als wenn es Ihre Lösung ist. Also lassen Sie mich Ihre Lösung hören!« Je länger der Mitarbeiter vorher seine Verantwortung abgenommen bekam, desto länger dauert es, bis er sie wieder annimmt – aber am Ende übernimmt er sie.

Core Analysis

Was kommt ständig zu kurz? Richtig: das Wesentliche. Warum? Ebenfalls richtig: »Keine Zeit!« Das ist ein Irrtum.

Mach mal!

»Keine Zeit!« für das Wesentliche? Das ist ein Irrtum. Das Wesentliche braucht nicht mehr Zeit, sondern mehr Konkretisierung!

Leider haben viele Manager große Probleme damit, das Wesentliche zu konkretisieren. Nicht ihre Schuld: Nirgendwo wird das geübt – außer in diesem Buch. Üben wir an Selinas Beispiel.

Sie hat mich gerufen, weil sie erfolgreich den Turnaround ihrer Landesgesellschaft geschafft hat. Weil die Leute dabei so gefordert wurden, ist jetzt leider das Arbeitsklima zum Teufel. Ich frage sie:

»Sie haben den Turnaround geschafft – warum schaffen Sie nicht auch ein besseres Teamklima? Das ist doch viel weniger aufwendig!«

»Ja, schon. Aber ich hab einfach zu wenig Zeit dafür!«

»Das glaube ich nicht. Ich vermute, dass es an etwas anderem liegt. Lassen Sie uns das überprüfen: Sie wollen ein gutes Arbeitsklima?«

»Ja!«

»Was heißt ›gut‹?«

»Na ja, dass die Leistung wieder stimmt und meine Führungskräfte gut miteinander auskommen!«

»Was heißt ›Leistung muss wieder stimmen‹ und ›gut miteinander auskommen‹?«

»Dass wir nach dem Turnaround endlich die neue Produktlinie in den Vertrieb bekommen und dass die ewigen Streitereien in den Meetings aufhören!«

»Picken wir die Meetings heraus: Was heißt, die ›ewigen Streitereien‹ sollen aufhören?«

»Die Leute sollen sich ihre Vorschläge nicht gegenseitig schlechtmachen!«

»Aha! Und wie erreichen Sie das? Haben Sie das Ihren Führungskräften so konkret schon kommuniziert?«

»Äh. Ich habe das schon mal anklingen lassen …«

»Deutlich genug? Konkret genug? Oft genug? Ist das offiziell von Ihnen als Meeting-Regel erlassen worden? Ist es, vielleicht in Rollenspielen, geübt worden? Haben Sie es positiv verstärkt, wenn einer es zufällig richtig machte und konsequent angemahnt, wenn einer es nicht machte?«

»Schon gut! Hören Sie auf! Ich seh' jetzt, was ich tun muss. Warum bin ich nicht selber draufgekommen?« Weil sie keine Core Analysis gemacht hat.

Mach mal!

Konkretisieren Sie das Wesentliche mithilfe der sukzessiven Iteration (Schritt für Schritt) bis hinunter zu den konkreten Maßnahmen, die so »trivial« sind, dass jeder sofort damit loslegen kann.

Das nennt man Core Analysis: Vorstoß bis zum Kern des Wesentlichen. Der Kern ist immer konkret. Ist er es nicht, sind Sie noch nicht am Kern angelangt. Wenn Sie die Core Analysis lange genug praktizieren, werden Sie doppelt belohnt (typisch Action Management): Es wird endlich das Wesentliche gemacht und Ihre Mitarbeiter gewöhnen sich die Core Analysis dank Ihres Vorbildes auch an.

Mach, was Sinn macht!

Seien wir ehrlich: Große Teile unseres Jobs und der Welt sind sinnlos. T-Shirts für drei Euro kaufen, während in Bangladesch die Textilfabriken einstürzen? Das ist sinnlos, geradezu pervers. Den letzten Cent Kosteneinsparung aus dem Abteilungsbudget kratzen, während der Vorstand sich einen neuen Learjet genehmigt? Sinnlos. Steckenpferd-Projekte von Vorgesetzten verfolgen, die von vornherein dem Tod geweiht sind? Sinnlos. Und doch ist der Vorstand der falsche Feind.

»We have seen the enemy and he is us.«

Pogo

In unserem eigenen Aufgabenfeld, im Job und im Leben rutschen wir täglich so oft in die Sinnlosigkeit hinein, dass wir unsere Effektivität und Effizienz glatt verdoppeln könnten, wenn wir uns bloß diese Ausrutscher verkneifen könnten! Können wir. Jetzt. Machen Sie nicht irgendwas. Machen Sie, was Sinn macht!

Der Frust der Führungskräfte

»Warum ich trotz sinnloser Besprechungen, Vorgesetzter und Kollegen immer noch an dem festhalte, was Sinn macht? Ganz einfach: Weil mein Ziel ist, besser zu sein als die anderen! Und weil ich mir zu gut dafür bin, mich mit Bequemlichkeiten abzufinden!«

»Wieso sollte ich in sinnlose Pseudo-Hektik verfallen, wenn ich stattdessen etwas machen kann, von dem ich absolut überzeugt bin?«

»Action Manager ernten bei uns meist weniger Anerkennung als diejenigen, die sich mehr aufs Schwafeln konzentrieren.«

»Leider trauen sich nur sehr wenige Manager, Entscheidungen zu treffen. Entscheidungen haben den kleinen Haken, dass sie eventuell falsch sein könnten, weshalb viele leider die falsche Entscheidung treffen – nämlich keine.«

»Wir zogen das 6-Monate-Projekt unserer ERP-Umstellung notgedrungen in drei Monaten durch. Als Dank dafür bekam ich die Abfuhr meines Lebens – einschließlich Kündigungsandrohung – weil ich so viel Action gemacht hatte, dass einige Manager nicht mithalten konnten und mich dann erfolgreich oben angeschwärzt haben.«

»Warum ich trotzdem gerne Action Manager bin? In einem Wort: Erfolg. Und zwar nicht unbedingt der Erfolg, der nach außen glänzt, sondern der Erfolg, der noch lange nachwirkt. Das erkennen vielleicht nicht alle, aber es bringt das Unternehmen voran.«

»Ich mache, was Sinn macht, weil ich etwas erreichen möchte – und das heißt nicht unbedingt Macht, Status und Geld.«

Fehler 4:
Hierarchitis – »Diese Penner da oben!«

»Der Preis der Größe heißt Verantwortung.«

Winston Churchill

»Verantwortung ist eine abnehmbare Last, die sich leicht Gott, dem Schicksal, dem Glück, dem Zufall oder dem Nächsten aufladen lässt. In den Tagen der Astrologie war es üblich, sie einem Stern aufzubürden.«

Ambrose Bierce

»Die Hierarchie behindert die interne Kommunikation. In Deutschland haben die Mitarbeiter zu viel Respekt vor Führungskräften.«

Christian Clemens, Tui-Chef (und Schwede) in der Süddeutschen Zeitung (10.8.2013)

Warum bewegt sich nix?

Wenn ich das frage, höre ich oft: »Wir würden ja gerne – aber die da oben bremsen uns aus!« Wir alle würden diesen Satz wohl ohne zu zögern hin und wieder *unterschreiben*. Aber warum sollten wir ihn auf keinen Fall laut *aussprechen*? Weil wir damit unabsichtlich die Hosen runterlassen.

Action Fact

Passivmanager erwarten (… dass die Hierarchie mitspielt). Action Manager machen.

Es ist in unseren Zeiten Mode geworden, über Politiker, Regierung, Vorstände, Aufsichtsräte, Vorgesetzte, Lehrer, Kunden, Kinder, Lieferanten, Ratingagenturen, Chinesen, Inder, Amerikaner, Fundamentalisten, Beamte und Eltern zu schimpfen, was das Zeug hält. Wir vergessen darüber, dass Larmoyanz keine Mode, sondern Symptom einer Zivilisationskrankheit namens Hierarchitis ist. Wer an ihr erkrankt, verfällt in geschwätzige Erwartungsstarre, bei der nichts mehr geht außer dem Mundwerk (das aber umso heftiger). Ich kann das mit Bestimmtheit sagen, weil auch ich schon die tollsten Anfälle hatte.

Damals in Serbien zum Beispiel sollte ich ein Filialnetz aufbauen. Jede Filiale eine eigene Investition, jede Investition ein eigenes Antragsformular. Sechs Top-Entscheider in der Konzernleitung mussten unterschreiben. Für die Hauptstadt hatte ich den dreifachen Rittberger mit eingesprungenem Doppelaxel im Ärmel: einen Maverick in Person der besten Verkaufsleiterin der Region. Ich wusste: Wenn ich ihr die Filiale gebe, dann geht das Ding ab wie ein Bobby Car mit Doppelvergaser. Und genau diese Filiale lehnten »die da oben« ab! Ich konnte es nicht fassen. Ich wäre nicht schockierter gewesen, hätte der Papst Ostern abgeschafft. Ich hatte einen Anfall. Aber so was von einem Anfall! Ich schimpfte wie ein Kesselflicker.

Das ist entschuldbar, das ist menschlich, das machen wir alle gelegentlich. Die Sache hat bloß einen Haken: Wer jammert, bewegt nix. Er bewegt genau genommen genauso wenig wie der Bremser, der den Jammerer ausbremst. Beide geben ein nettes Paar ab, leben symbiotisch, wobei der Jammerlappen die Arschkarte zieht – was schon der alte Chinese wusste:

> »Wer ist der größere Narr? Der Narr? Oder derjenige, der sich über ihn aufregt?«
>
> *Konfuzius*

Ich muss den Kollegen damals fürchterlich auf den Wecker gegangen sein mit meinen Tiraden. Denn irgendwann nahm einer Anlauf und trat mir mit Schmackes verbal vors Schienbein: »Hör endlich auf zu greinen wie ein Klageweib. Wenn du die Filiale unbedingt haben willst, dann eröffne sie doch einfach, verdammte Hacke!« Ich rieb mir die Tibia und bedankte mich für die Radikalkur.

Mach mal!

Die Rosskur gegen Hierarchitis: Mach's einfach!

Mach's einfach!

Ohne Placet der sechs Mächtigen eine Filiale eröffnen? Nein, das ist damit nicht gemeint – obwohl Greenhorns das sofort implizieren, wenn sie mir bei der Visite klagen: »Aber mein Chef genehmigt das nicht!« Also bitte. Wer im Management arbeitet, sollte doch über ein wenig mehr semantische Differenzierungsfähigkeit verfügen.

Mach mal!

Wenn ein Hierarch »das nicht genehmigt«, heißt das nicht, dass er das nicht genehmigt, sondern dass er das *so* nicht genehmigt. »So« heißt, für den Unkundigen übersetzt: nicht in dieser Form. Also, form es um!

Wie? Auf jedwede Weise! Ich kenne eine Action Managerin, die sagt: »Wenn das von oben mit dem roten Stempel zurückkommt, schicken wir postwendend eine andere Version desselben Antrags raus. Mir doch egal, wer über mir Chef ist – die kleistern wir so lange mit Anträgen zu, bis einer davon durchgeht.« Sympathische Frau. So geht's natürlich auch. Wie geht's einfacher? Eben: einfach.

Mach mal!

Mach einfach! heißt auch: Mach's dir *einfach!*

Ich kleiner David gegen sechs übermächtige Goliaths? Das wäre Selbstmord gewesen. Oder in den Termini des Action Managements: Das wäre die nichteinfache, die hyperdämliche, die atavistische Option gewesen. Action Management sagt im vierten Gebot jedoch ausdrücklich: »Mach's einfach!« Das haben Sie richtig erkannt: Das ist doppeldeutig. Es bedeutet, eine Sache einfach mal anzupacken (anstatt dumm rumzulabern) und sie sich dabei so einfach wie möglich zu machen (aber nicht einfacher). Also beschloss ich, meine Royal-Flush-Filiale nicht nur »einfach zu *machen*«, sondern es mir dabei auch *so einfach wie möglich* (nicht unnötig kompliziert) zu machen.

Wie überwindet man möglichst einfach Widerstände von Großkopferten? Man sucht sich einen noch größeren. Ich suchte und fand tatsächlich den Vorstandsvorsitzenden. Nach einigen Minuten Diskussion wurde ihm und mir klar: Auch er wollte die Filiale. Einen Flagship Store auf der Renommiermeile einer Landeshauptstadt fand er unwiderstehlich. Ich kriegte »meine« Filiale. Weil ich aufgehört hatte zu greinen und die Sache anders, direkter angepackt hatte. Aber ich habe mich dabei nicht an den Dienstweg gehalten? Das höre ich oft. Übrigens immer von Passivmanagern. Sie glauben: Dienstweg ist wichtiger als Bilanz.

Diesen Irrglauben kann man einfach entkräften: Wäre ich nicht zum Vorstand gegangen, gäbe es die Filiale heute nicht. Aber wenn das jeder macht? Dann wäre ich erstens schön blöd, wenn ich es als Einziger nicht machen würde. Und zweitens wäre das ideal: Denn dann hätte jedes Unternehmen garantiert sehr viel mehr Business und schnellere Ergebnisse. Merke: Leute, die chronisch mit dem Dienstweg argumentieren, sind passiv (korrekt: eigentlich obsessiv-kompulsiv – aber sagen Sie ihnen das nicht). Sind sie so passiv wie Ihre Mitarbeiter?

Guter Punkt. Was machen Ihre Mitarbeiter? Was machen sie bevorzugt hinter Ihrem Rücken? Machen oder jammern? Und damit ist nichts über Ihre Mitarbeiter gesagt und viel über Ihre Motivationsfähigkeit. Warum schaffen Sie es nicht, Ihre Mitarbeiter zu motivieren?

Motivation ist Käse

Warum jammern, zögern, zaudern, warten und nasepopeln so viele Mitarbeiter so oft, so lange und so intensiv? Warum machen sie nicht einfach mal? Die häufigste Antwort, die ich von Führungskräften höre: »Einige meiner Mitarbeiter lassen sich ums Verrecken nicht motivieren!« Sofort hinterher kommt die Frage: »Was mache ich falsch?« Meine Antwort: nichts. Außer, dass Sie auf Motivation setzen. Motivation aber ist wie Kaugummi gegen Pest: Das kuriert nicht! Nicht Hierarchitis. Warum?

Action Fact

Es ist nur sinnvoll, Mitarbeiter zu motivieren, die sich motivieren lassen. Leider gibt es irrsinnig viele Mitarbeiter (Kinder, Verwandte, Beamte ...), die sich nicht motivieren lassen, weil sie sich nicht motivieren lassen *wollen*. Sie lehnen (meist völlig unbewusst!) die Verantwortung ab für das, wofür sie motiviert werden sollen.

Wer sich nicht verantwortlich fühlt, kann nicht einmal vom Heiligen Geist motiviert werden. Motivation funktioniert bei Hierarchitikern nicht. Haben Sie's nicht lange schon geahnt?

Sie lagen richtig. Motivation hat ihre Grenzen wie jedes andere Instrument auch. Tote lassen sich nicht motivieren. Choleriker, Borderliner und Hierarchitiker ebenfalls nicht. Das wäre egal, wenn diese Randgruppen marginal wären. Und nun schauen Sie sich mal um: Sind Sie es? Nein. Wenn wir uns in Firma, Familie und Gesellschaft umschauen, erblickt das erstaunte Auge eine erdrückende Mehrheit von Verantwortungsverweigerern, die einfach nicht machen (wollen und damit nicht können). An ihnen versagt jedes Motivationsbemühen. Wenn Motivation versagt, was hilft dann?

Manager in Schockstarre

Betrachten wir ein Industrieunternehmen mit einem Dutzend Regionalniederlassungen. In acht davon stimmen die Zahlen nicht. Die Geschäftsleitung motiviert mit viel Geld und guten Worten, konzipiert Marktoffensiven, macht Druck – alles verpufft (bei den meisten). Die (meisten) Niederlassungsleiter verharren in hierarchitischer Passivstarre. Sie machen einfach nicht. Sie sagen: »Wenn die da oben wollen, dass wir unsere Ziele erreichen, sollen sie uns gefälligst besser unterstützen!« Klingt logisch.

Der Vertriebsleiter fällt prompt auf diese Pseudologik herein. Er stockt das Marketingbudget auf, er fährt Werbekampagnen, er genehmigt Verkaufstrainings – was passiert? Die acht Niederlassungsleiter machen immer noch nicht genug, sind immer noch nicht motiviert. Die Kerle schimpfen immer noch! Das ist ein typisches Hierarchitis-Symptom: Egal, was »die da oben« auch an Unterstützung auffahren – für den Hierarchitiker ist es nie gut genug! Der Vertriebsleiter erkennt das zu spät: »Selbst wenn ich das Marketingbudget verdreifacht hätte, die hätten den Hintern nicht hochgekriegt!«, sagt er zum Abschied leise fluchend. Er muss wegen Erfolglosigkeit gehen. Der Neue ist schlauer.

Mach mal!

Motivation funktioniert selten. Verantwortungstransfer funktioniert fünfmal häufiger und zehnmal stärker.

Der neue Vertriebsleiter setzt keinen Pfifferling auf Motivation (ganz schön mutig, finden Sie nicht?). Er setzt auf Verantwortungstransfer.

Action Fact

Im Normalfall delegiert der Vorgesetzte die Verantwortung für eine Aufgabe. Der hierarchitische oder tatsächlich unterkompetente Mitarbeiter delegiert diese (oft) teilweise oder ganz zurück: kalte Rückdelegation. Verantwortungstransfer ist quasi die heiße Rückrückdelegation.

Klingelt's? Ja, im Training gehen da reihenweise die Aha-Effektlichter an: Responsibility Transfer ist die bessere Motivation! Was heißt das?

Der Super-Motivator

Der neue Vertriebsleiter möchte, dass seine Niederlassungsleiter ihre Opferhaltung aufgeben und endlich einfach machen! Als er sie zum ersten Mal um sich versammelt, sagt er: »Mir ist wurscht, wie ihr eure Ziele erreicht. Ihr seid die Niederlassungsleiter. Ihr seid die Könige in eurem Reich – also verhaltet euch gefälligst so und nicht wie Bettelmänner, die mich wegen zweier Werbeplakate oder einer Anzeigenvorlage anpumpen. Mir ist egal, ob ihr das Poster im Showroom links oder rechts vom Exponat aufhängt. Lasst mich damit in Ruhe! Macht einfach mal! Dafür seid ihr Filialfürsten!« Das war neu. Und das war gar nicht motivierend. Das war im Gegenteil fast beleidigend. Deshalb steht das auch in keinem Lehrbuch. Deshalb funktioniert es.

Nicht weil es beleidigend ist, sondern weil es Entantwortung schlagartig kuriert: Das wirkt wie Penicillin, nur schneller. Das muss so sein.

Denn bislang hatten die Niederlassungsleiter sich komplett entantwortet und bei jeder noch so kleinen Entscheidung eben nicht einfach gemacht, sondern unterwürfigst die Anweisung der Vertriebsleitung erfleht: »Wir sind arme alte Opfer! Völlig macht-, ahnungs- und hoffnungslos. Sagt uns doch bitte, was wir tun sollen!« Daraufhin machte der Vertriebsleiter meist einen Vorschlag, worauf die Niederlassungsleiter erwiderten: »Das funktioniert vielleicht in anderen Niederlassungen, aber bei uns doch nicht!« Also sagte der Vertriebsleiter etwas anderes – und hörte dasselbe in grün. So ging das jahrelang, wie ein Gesellschaftsspiel. Deshalb nennen es Transaktionsanalytiker auch »Das Entantwortungsspiel« oder »Das Papa-wird's-schon-richten-Spiel«.

Der neue Vertriebsleiter durchschaut das Spiel. Er ist Vertriebsleiter, weshalb er sich zu schade ist für doofe Spiele (ach, täten das doch bloß alle Vertriebsleiter). Nachdem er die spielbedingte Endlosschleife der Entantwortung mit seiner »Krönungsrede« (und vielen nachfolgenden Wiederholungen derselben) durchbrochen hatte, erlebten die Niederlassungsleiter den Schock der rückrückdelegierten Verantwortung: »Heißt das, wir können in unseren Niederlassungen wirklich einfach mal machen, ohne dass ihr da oben uns ständig dreinredet? Dürfen wir zum Beispiel auch dies und das selbst machen?« Worauf der Vertriebsleiter immer und immer wieder erwiderte: »Was fragt ihr mich? Macht doch einfach! Wenn's funktioniert – gut. Wenn nicht: Macht einfach was anderes!«

Ich ahne Ihren Einwand: Diese Rückrückdelegation der Verantwortung setzt verantwortungsbereite Mitarbeiter voraus. Guter Einwand. Frage: Kennen Sie jemanden in einer der Niederlassungsleitung vergleichbaren Führungsposition, der nicht zumindest für eine Reanimation ausreichend verantwortungsbereit wäre? Es passiert ja viel Mist im Management. Aber dass ein erkennbarer Verantwortungsverweigerer in Jesus-Latschen und wehender Toga (nichts gegen Hippies!) in eine verantwortliche Position befördert wird, passiert sicher nur vollblinden Interviewern, Personal- und Recruitingverantwortlichen. Das heißt im Umkehrschluss:

Mach mal!

Selbst passive Mitarbeiter, scheintote Hierarchitiker und motivationsresistente Dauerentantworter lassen sich per unmissverständlichem, konsequentem und wiederholtem Responsibility Transfer wieder »zum Leben erwecken«! Daher: Rückrückdelegieren Sie, als ob es um alles oder nichts ginge – denn genau das tut es.

Natürlich sollte man nach der Rückrückdelegation straff reporten lassen und auch das Controlling nicht vernachlässigen (aber eben ohne Beschädigung der Eigenverantwortung). Dann funktioniert das. Trotzdem ist die Verkündigung des obersten Gebots »Macht doch einfach mal!« für alle Beteiligten erst einmal ein Schock. Ist dieser überstanden, wirkt Rückrückdelegation von Verantwortung wie der Super-Motivator schlechthin. Der schnellste »wiedererweckte« Filialleiter erreichte bereits in Woche 1 nach seiner »Auferstehung« seine kompletten Monatsziele. Nach einigen Monaten schafften alle reanimierten Niederlassungen ihre Ziele.

Dafür betete der neue Vertriebsleiter die Maxime »Macht einfach mal!« den ungläubigen Niederlassungsleitern monatelang immer und immer wieder vor. In den ersten Wochen waren viele verunsichert. Sie erwarteten insgeheim ständig, dass irgendein hohes Tier von ganz oben hereinschneien und – wie in der Vergangenheit oft genug erlebt – lamentieren würde: »Der Umsatz stimmt nicht! Wie sieht denn euer Showroom aus! Und wie organisiert ihr überhaupt die Akquise?« Als das konsequent nicht passierte, übernahmen die Niederlassungsleiter endlich wieder die Verantwortung, die sie eigentlich vom ersten Tag an hätten wahrnehmen sollen. Wenn das so einfach ist, warum machen das dann nicht alle? Daran ist Napoleon schuld.

Der Napoleon-Komplex

Der Responsibility Transfer ist ein so einfaches Instrument, dass die meisten intelligenten Menschen ihn verbocken. Warum?

»Eher gibt ein Stier Milch«, verriet mir eine Chefsekretärin, »als dass mein Chef Verantwortung abgibt! Er ist halt ein kleiner Napoleon.« Als ich ihn darauf ansprach – unter Auslassung von landwirtschaftlichen und historischen Metaphern – tobte er: »Mir wurde schließlich die Verantwortung für alles übertragen! Also muss ich auch alles machen!« Das höre ich häufig. »Nein«, entgegne ich dann immer: »Das müssen Sie alles *erreichen*, aber *machen* müssen das andere – vorzugsweise die, die Sie dafür bezahlen!«

Mach mal!

Der Action Manager arbeitet nicht im System – er managt das System.

Der Action Manager entwickelt das System, er formt und leitet es, er korrigiert und koordiniert es, richtet es strategisch aus – doch er ist kein Element des Systems »operative Wertschöpfung«. Aber das ist doch klar? Dann wäre ich arbeitslos – und mit mir jeder Berater, Coach und Trainer dieser und jeder kommenden Welt.

Action Fact

Passivmanager (er)kennen nicht den Unterschied zwischen machen und führen. Sie müssen ihn erst erlernen.

Sie müssen es von Grund auf lernen. Warum? Weil Passivmanager wahnsinnige Angst vor Kontrollverlust haben: »Aber die Niederlassungsleiter schaffen das doch nicht! Das haben sie doch auch bis jetzt nicht geschafft!« Das waren auch die Gedanken des neuen Vertriebsleiters – zunächst.

Dann lernte er per Management by Travelling Around die Niederlassungsleiter kennen und erkannte: »Die sind eigentlich alle sehr patent, haben was drauf – die trauen sich bloß zu wenig zu, weil sie jahrelang von oben unabsichtlich, aber sehr wirkungsvoll entantwortet wurden.« Außerdem dachte sich der neue Vertriebsleiter: »Das ist deren Job! Die müssen für die Zahlen sorgen – und wenn sich einer der Niederlassungsleiter dieser Verantwortung nicht stellen mag, dann kriegt ein anderer seinen Job, der besser mit Verantwortung umgehen kann!«

Action Fact

Eine Führungskraft ist erst dann Führungskraft, wenn sie nicht nur Aufgaben, sondern auch Verantwortung delegieren kann.

Können Sie Verantwortung delegieren? Das ist eine fiese Frage. Denn wirklich jeder (gedankenlose) Arbeitgeber setzt voraus, dass seine Führungskräfte das können. Genau deshalb können es die meisten *nicht*. Kaum jemand beherrscht heute den Responsibility Transfer. Macht nichts. Dafür gehen wir hier ja das Buch durch.

Responsibility Transfer

Wie delegiert man Verantwortung so, dass sie auch ausgeübt wird? Wie delegiert man so, dass die Mitarbeiter machen, anstatt zu lamentieren? Der Verantwortungstransfer ist eine Fähigkeit wie Tennisspielen auch. Aber: einfacher erlernbar. Zum Beispiel am Vorbild. Bei der Hypo Alpe Adria Bank beispielsweise arbeitet eine Gebietsleiterin, die den Transfer perfekt beherrscht. Vor einiger Zeit hatte ich das Glück, mit ihr in Bosnien und Herzegowina auf Tour zu gehen.

Sie und ich sollten einigen Filialen zu besseren Ergebnissen verhelfen. Ich kannte sie vorher nicht wirklich und erwartete bei unserem Eintreffen in der ersten Filiale die übliche Gebietsleiter-Predigt, bei der ein zu Recht empörter Vorgesetzter dem Filialleiter das Excel-Sheet vor die Nase hält und wie Attila, der Hunne, predigt: »Hier muss der Umsatz 30 Prozent rauf und da stimmt die Marge nicht und dort sind die Verkaufszahlen zu niedrig!« Kennen wir alle, nicht wahr? Warum funktioniert das so selten und wenn, dann nur schlecht und nur kurzfristig?

Action Fact

Anweisungen, Vorwürfe, Druck und Forderungen erzielen bei 10 Prozent der Menschen (bei den intrinsisch motivierten, gegen Vorwürfe resilienten und bei den super-ängstlichen) die gewünschte Leistungssteigerung. Bei den restlichen 90 Prozent provozieren sie Entantwortung.

Daraus folgt:

Mach mal!

Forderungen lähmen, Verantwortung aktiviert. Fragen Sie Menschen in ihre Verantwortung zurück!

Eine Forderung stumm und mit gekreuzten Fingern abnicken, kann auch ein Hirntoter – eine Frage beantworten nicht. Wer antwortet, zeigt bereits Verantwortung (daher derselbe Wortstamm: Verantwortung kommt von Antwort). Deshalb forderte die Gebietsleiterin nicht wie 90 Prozent ihrer Kolleginnen und Kollegen »Mehr Umsatz!«. Sie trieb ihre Untergebenen nicht durch Forderungen in die innere Emigration zurück. Sie luchste sie fragend in die Verantwortung hinein. Sie begann mit: »Ihnen fehlen derzeit noch X Prozent aufs Ziel – wie wollen Sie dahin kommen? Irgendwelche Ideen?«

Die Filialleiter schienen durchweg froh, dass man ihnen nicht schon wieder schale Forderungen um die Ohren haute, sondern dass sich zur Abwechslung ein Vorgesetzter mal für sie und ihre Ideen interessierte. Deshalb reagierten alle sehr lebhaft auf die Anfrage (anders als auf Forderungen!): »Ja, klar! Wir machen dies und das und starten mit jenem!« Worauf die Gebietsleiterin in den zweiten Gang schaltete: »Tolle Ideen! Bitte schreiben Sie diese doch am besten gleich auf!« Und als die Filialleiter »Werbung«, »Marktoffensive« oder »Kundenbrief« notierten, schaltete sie in den dritten Transfergang: »Prima! Mit welchen Kunden? In welchem Zeitraum und mit wie viel Budget? Welches Geschäft erwarten Sie? Und wenn wir die Ergebnisse aller Maßnahmen kumulieren – sind Ihre Ziele damit erreicht?« Schon wenige Wochen nach unserer Tour waren die meisten Ziellücken geschlossen. Einer der Filialleiter machte binnen vierzehn Tagen ein Drittel seines Quartalsziels.

Action Fact

Transfer rules!

Verantwortungstransfer braucht keinen Druck von oben, liefert aber zigfach bessere Ergebnisse. Wenn das so ist, warum machen das dann nicht alle?

Warum Männer verantwortungslos sind

Ich habe nicht umsonst eine Frau als Best Practitioner gewählt. Aus Training und Coaching wissen wir: Männer haben irrwitzige Probleme mit Fragen (nicht umsonst verirren sie sich lieber in die Hölle, anstatt das Seitenfenster runterzudrehen und nach dem Weg zu fragen). Das ist so (bei den meisten Männern – es gibt tolle Ausnahmen). Was die meisten Männer nicht wissen: Das muss nicht so bleiben.

Im Seminar üben wir Responsible Inquiry – die Kunst, Menschen in ihre Verantwortung zurückzufragen. Nachdem jeder zwei, drei Gesprächssituationen nur mit Fragen erfolgreich bewältigt hat, kann das auch jeder. Trotzdem wenden viele die Fragetechnik im Führungsalltag nicht an. Warum nicht?

Passivmanager glauben: **»Wer fragt, …**	**Action Manager wissen:** **»Wer fragt, …**
… zeigt Schwäche!«	… der führt!«
… zeigt, dass er nicht weiß, wonach er fragt!«	… zeigt, dass er weiß, wie man führt.«
… büßt den Vorgesetzten-Nimbus ein!«	… erreicht seine Ziele – und bleibt deshalb Vorgesetzter!«
… macht sich mit dem einfachen Mitarbeiter gemein!«	… coacht den Mitarbeiter!«
… macht es unnötig umständlich: Wenige klare Worte genügen völlig!«	… hat den Schaden erkannt, den die ›wenigen klaren Worte‹ bislang angerichtet haben!«
… verplempert Zeit!«	… braucht fürs Fragen fünf Minuten mehr Zeit und spart danach bei Kontrolle und ›Motivation‹ seiner Mitarbeiter 90 Prozent der bislang aufgewandten Zeit.«
… kann das aus dem Stand!«	… muss das vorher trocken trainiert haben. Denn verantwortliches Fragen lernen wir nicht in Elternhaus und Schule – im Gegenteil; dort verlernen wir es.«
… nimmt Mitarbeiter viel zu ernst!«	… behandelt Mitarbeiter nicht als Kosten-, sondern als Leistungsfaktor.«
… verpasst eine Gelegenheit zur Profilierung!«	… profiliert sich durch die damit angestoßene Leistungssteigerung und nicht durch hohles Profilierungsgequatsche!«
… kann sich nicht mehr rechthaberisch einmischen und denen da unten erklären, wo der Bartel den Most holt!«	… hat es nicht nötig, sein Ego auf Kosten Untergebener künstlich und durchsichtig aufzupumpen.«

Ich führe diese etwas brutale Gegenüberstellung (freigegeben ab 18 Jahren) nicht auf, um 80 Prozent des Managements zu düpieren. Sondern vielmehr, weil diese unscheinbare Tabelle einen hohen Osmose-Wert hat: Viele frageschwache Vorgesetzte, Eltern, Lehrer und andere Autoritätspersonen schauen die linke Spalte an, fühlen sich peinlich ertappt – und wechseln ohne großes Aufheben direkt in die rechte Spalte. Was ist der Stand Ihrer Osmose?

Trotzdem: Selbst wenn man erkannt hat, dass Fragen besser ist als Fordern, braucht man oft genug einen Schubser, bevor man fragt. Wie der Vorstand, den ich jüngst per MMS schubste.

Als ich beim Abendspaziergang mit meiner Gattin an einem bekannten Büroturm vorbeikam, waren alle Fenster finster – nur in der 13. Etage brannte noch Licht. Ich kannte das Büro und seinen einsamen Grafen von Monte Christo. Ich knipste die bis auf ein Fenster dunkle Fassade und schickte ihm das Bild aufs Handy mit der Bildunterschrift: »Gratuliere!«

Der Vorstand, der vor Kurzem das Unternehmen übernommen hatte, mailte sofort zurück: »Wie meinst du das?« Ich rief ihn an und sagte: »Alle sind längst zu Hause und du arbeitest noch? Könnte es sein, dass du ein Problem mit dem Verantwortungstransfer hast?« Langes Schweigen, dann: »Stimmt, Danke für den Hinweis. Ich stelle das sofort ab.« Ich schaute hoch: Das Licht war aus. Ich wette, er ging sofort nach Hause. Was gut war. Besser ist: Er hat anderntags bestimmt den Verantwortungstransfer angeworfen. Guter Vorgesetzter. Aber Sie haben keinen solchen guten Vorgesetzten? Dann bleibt Ihnen nur eines übrig: Werden Sie zum Guerillero!

Guerilla Management

Ein Baumarkt in einer mittelgroßen Stadt, 27.000 Einwohner. Am Ortsrand entsteht ein Neubaugebiet mit 45 Häusern. Der Marktleiter sagt: »Denen werfen wir einen Flyer in den Briefkasten: ›Neues Heim? Gratuliere! Sparen Sie Geld! Machen Sie selber! Wir haben alles, was Sie brauchen!‹« Die Zentrale liefert nicht. »Nicht mal einen popeligen Flyer können die zeitnah produzieren«, lamentiert der Marktleiter, der offensichtlich an Hierarchitis erkrankt ist. Einer seiner Kundenberater ist symptomfrei, springt in die Telefonzelle, reißt wie Supermann sein Hemd auf und kommt wieder raus als Guerillero: »Mir doch wurscht, wenn die da oben pennen. Wenn die nichts machen, dann machen wir das jetzt einfach!« Das Credo aller Action Manager.

Er bastelt einen Info-Zettel, jagt ihn durch den Kopierer, betätigt sich im Zuge eines zehnminütigen Abendspaziergangs als Briefträger – und sieht drei Tage später die ersten Kunden mit Zettel in der Hand in seinen Baumarkt pilgern: Tada! Die Zentrale tadat ihm was! Sie hat seine geniale, eigeninitiativ und unternehmerisch mitgedachte Aktion über den Flurfunk der grüngesichtigen Neider mitbekommen und macht nun das, was man in unserer Leistungsgesellschaft gemeinhin mit Leistung macht. Sie bestraft sie: »Das ist kein offiziell genehmigtes und dem Corporate Design entsprechendes Material zur Verkaufsunterstützung! Unterlassen Sie solche eigenmächtigen Aktionen mit sofortiger Wirkung!« Man soll es unterlassen, Umsatz zu machen?

Der Marktleiter wendet schüchtern und kuschend vor der allmächtigen Hierarchie ein: »Aber die Aktion hat uns 20 Prozent Plus auf den Monat gebracht!« Das geht den Sesselfurzern in der Zentrale doch so was von am Senkel vorbei – woran man immer den Todkranken erkennt:

Action Fact

Hierarchitikern ist die Einhaltung des Dienstwegs, die sogenannte »hierarchische Huldigung« wichtiger als Leistung, Ergebnis, Zielerreichung, Bilanz, Arbeitsklima, Fairness, Kollegialität und Moral. Die bestrafen Sie sogar noch für Ihre Erfolge – wenn Sie die Befehlskette nicht einhalten. Auf der anderen Seite werden Kollegen verhätschelt und bevorzugt befördert, die leistungsmäßig keine Wurstpelle vom Teller ziehen, aber immer brav der heiligen Hierarchie huldigen.

Das ist pervers? Das ist modernes Management. Gott bewahre uns davor.

»Here's to the crazy ones, the misfits, the rebels, the troublemakers, the round pegs in a square hole, the ones who see things differently. They're not fond of rules, and they have no respect for the status quo. You can quote them, disagree with them, glorify or vilify them, because they change things. They push the human race forward, and while some may see them as the crazy ones, we see genius, because people who are crazy enough to think they can change the world, are the ones who'll do it.«

Legendäre Apple-Action-Management-Anzeige vom September 1997

Es gibt Unternehmen (wie Apple früher) mit einer Action-Kultur. Wenn Sie in einem solchen arbeiten: Glückwunsch! Wenn nicht: Werden Sie Guerillera, werden Sie Guerillero. Aber damit zieht man sich doch automatisch den Zorn der heiligen Inquisition zu? Nein. Vertrauen Sie der Drittelverteilung:

In einem Drittel der Fälle bemerkt die Hierarchie gar nicht, dass Sie Ihre Spitzenleistung via Bypass an der Hierarchie vorbei erreicht haben. In einem weiteren Drittel drückt sie ein Auge zu, weil sie Erfolg glücklicherweise noch höher bewertet als Kadavergehorsam. Im restlichen Drittel tobt sie tatsächlich cholerisch – aber wissen Sie was? Das ist echten Guerilleros, echten Guerilleras egal. Denn was juckt schon so ein Schuss vor den Bug im Vergleich zum warmen Glanz des Erfolgs, den man dank seiner Guerilla-Aktion erreicht hat? Also: Trauen Sie sich ruhig was zu. Und meiden Sie Meetings.

Die Meeting-Misere: Lateraldiffusion

Wozu gibt es eigentlich Meetings? Zur Lateraldiffusion: Die Lateralitis ist die kleine Schwester der Hierarchitis.

Action Fact

Hierarchitiker schieben die Verantwortung nach oben ab, Lateralisten der Nachbarabteilung in die Schuhe.

»Nicht unsere Schuld – das hat das Marketing verbockt!«, »Was können wir dafür, wenn der Innendienst keine Termine vereinbaren kann?«, »Dafür sind wir nicht zuständig!« An solchen putzigen Exkrementen erkennt das geübte Auge des Ornithologen den schwer erkrankten Lateralisten.

Action Manager sagen so etwas nicht. Sie denken das noch nicht einmal. Während der Lateralist noch andern Leuten Zeugs in die Schuhe schiebt, steht der Actioneer schon bei der Marketingabteilung auf der Matte und fragt den zuständigen Mitarbeiter: »Wie können wir Pannen wie die aktuelle künftig vermeiden?« Oder er bietet dem säumigen Innendienst an: »Ich sehe, ihr seid überlastet. Vorschlag: Wir übernehmen einen Teil der Terminvereinbarungen für euch – lasst uns kurz darüber reden, wie wir das koordinieren können.« Solche Dinge hört man in Meetings nicht. Denn 90 Prozent der Meetings haben nur drei Zwecke.

Action Fact

Meetings sind dazu da, damit sich Profilneurotiker profilieren, anständige Menschen von der Arbeit abhalten und die Verantwortung für Entscheidungen, die sie sich nicht zutrauen, so gleichmäßig auf ein Kollektiv verteilen können, dass nichts mehr von ihr übrig bleibt: Verantwortungsdiffusion.

Wissen Sie übrigens, welche Manager Meetings ganz toll finden? Eine Studie aus dem Jahr 2006 (Rogelberg et al.) zeigt, dass das natürlich nicht die leistungsstärksten Führungskräfte sind, sondern – ahnten wir es nicht alle? – jene Führungskräfte, die auf einer Skala für Leistungsbewusstsein und Zielorientierung die schlechtesten Werte haben. Und solche Schwachmatiker dürfen Meetings einberufen und mit ihren schwülen Selbstdarstellungsopern dominieren? Der Wahnsinn. Nein: Das ist modernes Management. Was uns eigentlich egal sein dürfte. Es geht nicht ums Management. Es geht um Sie und mich.

Die Verantwortung übernehmen

Verantwortung ist unbequem, zahlt sich aber aus. Hierarchitiker und Lateralisten tendieren aus Charakterschwäche zur Bequemlichkeit (Verantwortungsdiffusion). Action Manager sind stark genug für die Verantwortungsrendite. Das ist kein Managementrezept. Das ist ein (Über-)Lebensrezept. Neulich hatte ich wieder Verwendung dafür.

Mittwochnachmittag, 14 Uhr in Ljubljana, mir pressiert's. Ich nehme eine Abkürzung nach rechts, wo man nach rechts nicht abbiegen darf. Ich hätte mir zwei Ampelkreuzungen mit Riesenstaus erspart. Hätte. Nach 20 Metern heult es hinter mir »Ouii! Ouii!« Kein enthusiastischer Franzose mit Baguette im Anschlag, sondern die Stadtpolizei. Der dunkelblau Uniformierte steigt aus, will meine Papiere sehen und fragt:

»Sie wissen, was Sie falsch gemacht haben?«

»Ja, weiß ich. Sagen Sie mir, was es kostet, ich bezahl' das.«

»Sie wissen wirklich, was Sie falsch gemacht haben?«

»Ich bin rechts abgebogen, wo man nicht rechts abbiegen darf.«

»Haben Sie was getrunken?«

»Nein. Ich wollte lediglich die Staus an den beiden Ampeln dort vermeiden. Das war falsch.«

»Sie erkennen an, dass Sie etwas falsch gemacht haben?«

»Ja natürlich, ohne Einschränkung.«

»Wenn das so ist, gebe ich Ihnen hiermit lediglich eine mündliche Verwarnung.«

»Äh, Moment mal. Ich meine: Danke! Aber normalerweise kostet das doch was.«

»Richtig. Normalerweise 160 Euro.«

»Warum lassen Sie mich ohne Strafe vom Haken?«

»Weil Sie einsichtig sind. Wir wollen keine Strafaktionen im Straßenverkehr. Wir sind die Polizei, nicht die Nemesis. Wir wollen verantwortliche Fahrer. Sie haben eben Verantwortung gezeigt. Das erleben wir äußerst selten. Aber genau das wollen wir sehen.«

Die Stadtpolizei von Ljubljana wäre im Managementconsulting ganz schön erfolgreich …

90 Prozent der ertappten Autofahrer versuchen, so erzählte der Stadtpolizist, sich mit hirnrissigen Ausreden rauszureden. Je dicker der Wagen, desto dicker die Lüge. Als ob man mit so einer dicken Karre nicht rasch mal 160 Euro abdrücken könnte. Aber nein, es liegt nicht am Geld. Es liegt daran, dass den nie erwachsen gewordenen Kerlen hinterm Steuer der Ludenkarossen nie jemand beigebracht hat: Wenn du Mist gebaut hast, dann steh dafür grade – wenn du ein Kerl bist. Wenn du ein verzogener kleiner Bengel bist, dann winsel rum wie ein kleines Mädchen und wiesel dich raus mit Ausreden, die durchsichtiger sind als Butterbrotpapier und direkte Rückschlüsse auf die Kurzschlüsse in deinem Kopf zulassen.

Wie gut sind Sie?

Woran erkennen Sie einen guten Mann, eine gute Frau? Daran, dass er oder sie Verantwortung übernimmt. Nein, nicht für alle Probleme der Welt und die Zuständigkeiten anderer Abteilungen! Aber für die eigenen sogenannten Problemanteile. Das ist ein blöder Begriff, mit dem Organisationspsychologen den simplen Normativ umschreiben:

Mach mal!

Worauf und womit auch immer Sie Einfluss haben – üben Sie ihn aus! Ausnahmslos!

Wenn das Marketing Mist baut und ich auch bloß 5 Prozent dafür kann, dass das nie wieder vorkommt, sagt nur ein Kameradenschwein »Nicht meine Baustelle!« Wenn »die da oben« mal wieder im Blindflug unterwegs sind und ich auch nur einen vagen Lösungshinweis habe, dann riskiere ich die Mörderabfuhr. Aber ich stoße meinem Chef – und sei es auch nur mit einer kurzen E-Mail – Bescheid, wo der Hammer hängt. Das mache ich, weil ich kein Kameradenschwein sein möchte.

Aber ich mache das vor allem für mich. Denn ich weiß: Je öfter und je heftiger ich Verantwortung diffundiere, meine Problem- und Lösungsanteile ignoriere, brav wie ein Opfer auf die Segnungen einer selbstvergessenen Hierarchie harre, die Schuld auf andere schiebe und über Gott und die Welt lästere, anstatt einfach mal zu machen – desto heftiger bombardiere ich meine eigene Verantwortungsfähigkeit mit Napalm.

Irgendwann ist nichts mehr von ihr übrig und ich bin nicht mehr verantwortungs- und handlungsfähig. Deshalb schiebe ich jeden Kleinwagen in jedem Winter aus jedem Schneeloch raus, auch wenn mich das gar nichts angeht und ich den Fahrer nicht kenne und mein Mantel dabei versaut wird. Denn ich weiß: Wer im Kleinen die Karre aus dem Dreck zieht und einfach mal macht, wer das nur immer und immer wieder tut und dabei seine Verantwortungsmuskeln stählt und kräftigt – der oder die hat irgendwann so ein kraftstrotzendes, bärenstarkes Verantwortungsgefühl und so eine unbezwingbare »Mach doch einfach mal!«-Haltung, dass er kraft dieser Power-Attitude auch noch die größte Riesenkarre aus dem Dreck bekommt. Ich wünsche es Ihnen.

Der Frust der Führungskräfte

»Action Management? Die lieben Kollegen warten doch lieber auf Anweisung von oben, als dass sie selbst aktiv werden.«

»Das Blöde an ›Mach einfach!‹ ist: Seit alle wissen, dass unsere Abteilung einfach mal macht, lösen wir auch die Probleme aller anderen Abteilungen, die gerne jede Verantwortung von sich schieben und sich nur noch Routineaufträge zutrauen.«

»Wir haben ungefähr 10 Prozent Action Manager. Die sind fast alle im Projektmanagement. Da kann man wenigstens noch was bewegen.«

»Ich kenne drei Arten von Managern: die es nicht können (die größte Gruppe), die es wollen, es aber nicht können, und die wenigen, die wollen *und* können.«

»Wie ein Action Manager sich motiviert, wenn in seinem Unternehmen nichts weitergeht? Eben dadurch: weil sonst nichts weitergeht!«

»Woher der Action Manager seinen Mut nimmt? Dafür braucht es keinen Mut. Es braucht lediglich die Übernahme von Verantwortung.«

»Der Arbeitsplatz einer Kollegin war für ihre neue Aufgabe ungeeignet: Sie musste abwechselnd auf den Tisch und dann 45° nach oben schauen. Dort war ihr Monitor im Regal untergebracht. Also standen alle ratlos ums Regal herum und beklagten sich, dass die IT-Jungs, die für solche Umbauten eigentlich zuständig sind, nicht endlich kommen, um den Monitor umzubauen. Während alle anderen rumstanden und klagten, haben ein Kollege und ich einfach den Monitor aus dem Regal genommen und auf den Tisch gestellt. War deutlich besser als auf die IT-Jungs zu warten. Seltsam, dass sonst keiner auf die Idee kam …«

Fehler 5: Hopping – »Die nächste Sau durchs Dorf!«

»Aren't you one of those guys with skills? Send them into the wilderness with a Q-Tip and a pocketknife and they build you a shopping mall.«

Anne Heche zu Harrison Ford in »Six Days, Seven Nights«

»Es ist nicht genug zu wissen – man muss auch anwenden. Es ist nicht genug zu wollen – man muss auch tun.«

Johann Wolfgang von Goethe

Wer ist der größte Feind des Managers?

Natürlich: der Manager. Nein, nicht (nur) der *andere* Manager. Sondern (vor allem) der Manager selbst.

Action Fact

Nichts sabotiert einen Manager besser als er sich selbst.

Sören K. zum Beispiel, 43, Vertriebsleiter bei einem mittelgroßen Dienstleister, ist so ein unfreiwilliger Held der Selbstsabotage. Er ruft mich mit den besten Absichten an: »Machen Sie mal eine Teamentwicklung mit meinen Leuten. Die haben Probleme miteinander!« Nach 30 Minuten im Team (ohne Vorgesetzten) stellt sich heraus: Sörens Leute haben kein Problem miteinander, sondern mit Sören. Weil Sören regelmäßig die Sau rauslässt.

Ein Key-Accounter aus seiner Truppe erklärt: »Wie soll man einen Vorgesetzten ernst nehmen, der jede Woche eine andere Sau durchs Dorf treibt?« Sören hat zum Beispiel eben eine Zielgruppenstrategie geändert – zum dritten Mal in 15 Monaten. Eine Kollegin des Key-Accounters kommentiert: »Das macht er ständig! Wir können nicht mehr planen. Wir wissen nicht, was wir den Kunden erzählen sollen. Wie sollen wir unsere Jahresziele erreichen und vor allem unseren Bonus verdienen, wenn er ständig die Maßgaben ändert? Der Mann ist eine Gehaltsbedrohung. Deshalb macht hier inzwischen jeder, was er will.«

Dieses Chaos interpretiert Sören – wie viele Vorgesetzte – als »Teamproblem«. Das ist es auch. Sören übersieht lediglich, dass er das Problem verursacht. Nicht weil er ein schlechter Mensch wäre. Tatsächlich werden Sie kaum einen finden, mit dem Sie lieber ein Bier trinken würden. Er ist eine Seele von Mensch. Aber: Er ist ein Hopper. Und das ruiniert ihn.

Action Fact

Der Hopper hüpft hektisch durch den Gemüsegarten. Der Action Manager zieht konzentriert sein Ding durch.

Entweder bis zum Erfolg oder bis er das Ding in die Tonne treten muss – aber er hüpft nicht wie's Bienchen auf dem Blümchen über die Sommerwiese. Moment mal: Werden Manager nicht exakt dafür bezahlt? Dass sie innovativ und für den Wandel offen sind? Wie war das noch gleich?

Wofür eigentlich werden Manager bezahlt?

An dieser Stelle der Argumentation meldet sich im Seminar immer eine(r) und sagt: »Aber man muss als Vorgesetzter doch auch Neues ausprobieren! Dafür wird man schließlich bezahlt.« Dann bin ich dankbar, wenn ein anderer erwidert: »Nein. Dafür werden Sie nicht bezahlt.« Für das Neue wird man(ager) bezahlt. Aber nicht fürs Ausprobieren.

Action Fact

Der Hopper probiert Neues aus. Mal dies, mal das. Der Action Manager konzentriert sich auf eine Sache und zieht diese durch, bis sie läuft – oder er beendet sie planmäßig.

Sörens Problem ist nicht, dass er *Neues* ausprobiert, sondern dass er es lediglich *ausprobiert* und schon mit der nächsten genialen Idee ankommt, noch bevor die erste umgesetzt werden konnte. Was er damit auf der Metaebene seinen Mitarbeitern kommuniziert, ist fatal: »Ich stürme voran – wie ihr damit zurechtkommt, geht mir am Arsch vorbei.« Was ebenfalls bei den Mitarbeitern ankommt: »Was ich anweise, ist nicht so wichtig, dass man es zu Ende führen müsste.« Diese totale Entwertung seiner Autorität kommuniziert er natürlich *unbewusst*. Aber ist das eine Führungskraft? Jemand, der unbewusst seine Mitarbeiter demotiviert, herabwürdigt, geringschätzt, gegen sich aufbringt? Jemand, dessen Unterbewusstes mit ihm durchgeht? Jemand, der sich von seinen Reflexen leiten lässt? Das soll Führung sein?

Action Fact

Der Hopper macht mal. Der Action Manager macht fertig.

Warum schaffen das so wenige Führungskräfte? Weil das kein Führungsproblem ist. Es ist ein Charakterproblem.

Action Fact

Führung ist Charakterfrage und Charakter ist im Management tabu.

Viele Führungskräfte sind persönlich nicht dafür disponiert, Dinge bis zur Ziellinie durchzuziehen. Sie *wollen* das nicht. Sie fühlen sich zu Höherem berufen – zu Visionen, Konzepten, Strategien, Entwürfen und Plänen. Wenn Sie eine handelsübliche Typologie (MBTI, HDI, DISG …) benutzen, werden Sie feststellen, dass es im Management (und in Familien, Regierungen, Verbänden …) nur so vor Hoppern wuselt. Und wenn Sie und ich ehrlich sind (vgl. Kapitel »Hybris«), müssen wir uns eingestehen, dass auch wir gelegentlich unter Hopping-Attacken leiden. Müssen Sie deshalb in Quarantäne? Entweder Sie oder Ihre Organisation.

Entweder Sie oder die Organisation

Keine Führungskraft möchte Sörens Schicksal erleiden – auch Sören nicht: von den eigenen Mitarbeitern ignoriert, von Machtverlust bedroht, die Kollegen tuscheln schon, er erreicht seine Leistungsziele nicht. Und alles bloß, weil Sörens Mutter ihn zum Hopper erzogen hat (das war polemisch)! Was tun? Sie haben zwei Optionen.

Erste Option: Self-Improvement. Niemand muss ein Leben lang ein Hopper bleiben und sich selbst sabotieren. Man kann sich mit gutem Willen und etwas Selbstdisziplin dazu erziehen, zumindest die wesentlichen Dinge zu Ende zu denken und zu Ende zu machen. Das erfordert am Anfang etwas Mumm (den man/frau in Management und Leben gut gebrauchen kann), läuft aber nach wenigen Wochen wie von allein: Repetitio est mater studiorum. Der Mensch ist ein Gewohnheitstier. Selbst Hopper können sich an die disziplinierte Ausübung einer Aufgabe gewöhnen – ans Atmen haben sie sich ja auch gewöhnt. Etliche Führungskräfte schaffen diese Eingewöhnung: Die Frage ist, ob sie das sollten. Die Frage ist auch, ob *Sie* das sollten …

Action Fact

Wie war das noch mal? Was haben wir in General Management 101 gelernt? Schwächen sollte man nicht schwächen. Stattdessen sollte man Stärken stärken.

Vor allem Subalterne kennen dieses Gesetz zwar, können es aber nicht anwenden. Was wird zum Beispiel allerorten über Vorgesetzte geschimpft! Fast alle Mitarbeiter von Sören schimpfen über seine angebliche Schwäche: »So ein Chaot! Jede Woche ein neues Projekt, eine neue Zielgruppe oder eine neue Kampagne!« Was die Meckerer übersehen: Keiner von ihnen hat annähernd brillante Ideen. It's Sören's skills that pay the bills! Wenn Sören so ideenarm, vorsichtig und konservativ wäre wie die meisten seiner Mitarbeiter, wäre die Firma längst in Schwierigkeiten, Sören gekündigt und viele Mitarbeiter betriebsbedingt entlassen.

Mach mal!

Wer sich über Hopper beschwert, beschwert sich über die Leute mit den guten Ideen, die Umsatz bringen. Also: Lassen wir das! Machen wir lieber etwas Sinnvolles: Entweder der Hopper betreibt Self-Improvement oder die Organisation ändert sich.

Das ist die angesprochene zweite Option. Der Knüller ist: Sören hatte bereits eine hopper-taugliche Organisation – bevor er mit dem Hintern einriss, was er mit den Händen aufgebaut hatte.

Die hopper-taugliche Organisation

Sören hatte keinen Mann, sondern eine Frau fürs Grobe. Eine Key-Accounterin, die als Meinungsführerin und inoffizieller Change-Agent die hochfliegenden Pläne ihres Chefs aus eigenem Antrieb heraus auf der Detailebene umsetzte (eine Action Managerin also). Welches abgehobene Konzept Sören auch erdachte, seine Guerilla-Agentin implementierte das (zumindest in Beta-Version) innerhalb weniger Wochen im Team. Sören musste seinen Charakter also nicht selbst verbessern. Nein, seine Organisation ergänzte seine Schwäche mit der Stärke einer Mitarbeiterin und machte so aus seiner Schwäche eine Stärke. Genauer: Seine Key-Accounterin machte das. Vor einem Jahr hat sie gekündigt. Undankbare Kuh?

Nein, dummer Ochse! Als ich sie nach ihrer Kündigung spreche, sagt sie: »Sören hat nie geschnallt, dass ich für ihn den Ausputzer spiele, seine Arbeit mache. Ich habe dafür zwar von den Kollegen, aber nie von ihm Anerkennung bekommen. Damit hätte ich leben können. Womit ich nicht leben konnte: Er hat mich nicht nur ignoriert, er hat mich bei der Implementierung seiner teilweise ziemlich abgehobenen Ideen sogar gestört. Vielleicht registrierte er unbewusst, dass ich etwas kann, das er nicht auf die Reihe kriegt.« Wie konnte Sören das passieren? Wie konnte er ausgerechnet jene Mitarbeiterin ziehen lassen, die aus seiner Schwäche eine Stärke machte? Sind Hopper so undankbar? Nein.

Action Fact

Die meisten Hopper sind nicht undankbar, sondern reflektieren saumäßig. Deshalb bekämpfen sie ausgerechnet jene, die sie retten können.

Warum beißen viele Hopper die Hand, die sie füttert? Die einen sind neidisch auf den Mitarbeiter, der eine Fähigkeit hat, die ihnen abgeht. Die anderen erkennen diese nützliche Fähigkeit erst gar nicht (vgl. Kapitel »Hybris«) und stören sich daran, dass ein Mitarbeiter ihnen dauernd »widerspricht«. Sie erkennen nicht, dass der Mitarbeiter nicht widerspricht, sondern lediglich ein paar Hinweise zur Umsetzung der Chef-Ideen braucht. Allein das empfinden Hopper mit schwachem Selbstwertgefühl jedoch bereits als Störung, Widerspruch und Majestätsbeleidung. Sie erkennen die geniale organisatorische Lösung nicht.

Mach mal!

Wenn Sie ein toller Ideengeber sind: Suchen Sie sich einen tollen Umsetzer, integrieren Sie ihn in Ihre Organisation und pflegen Sie ihn! Begreifen Sie seine Kommunikation nicht als Störung, sondern als Ergänzung Ihrer Kompetenz.

Starken Persönlichkeiten gelingt das, schwache scheitern daran: Für sie ist jede Kompetenz eine Bedrohung – vor allem jene, die ihnen selbst abgeht. Sie scheitern lieber im Beruf, in der Ehe oder im Leben als mit jemandem zu kooperieren, dessen Fähigkeiten die ihren ergänzen. Aus diesem Grund gehen Männer in der Regel nicht zur Eheberatung: Sie sehen nur allzu klar, dass sie im Begriff sind, ihre Ehe in die Brüche zu fahren, lehnen aber das Angebot einer Paartherapie ab, weil sie keine anderen Götter neben sich dulden können. Neurotisch?

Absolut. Aber wer hat behauptet, dass Ehe und Management neurosefreie Räume seien? Das Problem an den Neurosen der Chefs (meine Empfehlung an Hesse/Schrader) sind aber nicht so sehr die Neurosen der Chefs. Das Problem ist, was diese Neurosen mit denen machen, die den Chefs folgen. Das wusste schon Platon.

Das Platon-Axiom

Platon führte gerne geistreiche Dialoge. In einem solchen fragt er seinen Managerkollegen: »Nun sag mir, oh Critias, wie soll ein Mensch jenen auswählen, der ihn führen soll? Wird er nicht jemanden auswählen, der zuerst Ordnung in sich selbst geschaffen hat, wohl wissend, dass jede Entscheidung, die ihren Ursprung in Furcht, Stolz oder Eitelkeit hat, tausendfach multipliziert wird in ihrem schädlichen Effekt durch jene, die er führt?«

Oder in der schwäbischen Übersetzung: »Wie der Herr, so's G'scherr.« Hat der Boss eine (unreflektierte!) Macke, verzigfacht sich deren Schaden durch seinen Einfluss auf seine Mitarbeiter: hoppender Boss – hoppende Abteilung. Hoppt schon der Abteilungsleiter, ist seine Abteilung dann so sprunghaft und unberechenbar, dass sie praktisch nichts mehr zu Ende führen kann. Vor allem auch deshalb, da die wenigen, die eine Sache durchziehen, irgendwann die Abteilung verlassen, weil sie es mit den ganzen Hoppern nicht mehr aushalten.

Action Fact

Wenn ein Vorgesetzter seine eigenen Hopping-Tendenzen nicht organisatorisch geregelt bekommt, schafft er das auch selten in seinem Führungsumfeld.

Im Gegenteil. Er macht das, was alle Unreflektierten tun: Er bekämpft bei anderen, was er bei sich selbst zu bekämpfen versäumt (richtig: Das ist Transferenz, Übertragung, Projektion).

Sören war früher auch so einer. Dauernd hielt er seinem Team vor: »Ihr müsst verdammt noch mal umsetzen, was ich euch vorgebe!« Im Klartext: »Macht, was ich nicht mache!« Das ist natürlich absurd, weshalb das a) irgendwann keiner mehr machte und b) keiner mehr Sören ernst nahm. Schlimmer: Das *konnte* auch keine(r) tun, weil Sören fast lauter kleine Sörens eingestellt hatte (sogenanntes Self-Cloning), denen er pausenlos den wirkungslosesten Normativ des Managements predigte: »Do as I say, don't do as I do!« Wie sollten sie auch? Sie konnten es nicht, weil es ihr Charakter nicht hergab: Sie sind selber Hopper. Sie konnten das auch nicht, weil es ihre Teamstruktur nicht hergab: zu viele Hopper, zu wenige Actioneers.

Mach mal!

Für jeden Hopper mit tollen Ideen brauchen Sie am besten zwei Actioneers (weil es aufwendiger ist, Ideen umzusetzen als sie sich auszudenken).

Vom Saulus zum Paulus

Sören hat inzwischen den Turnaround geschafft. Er fordert jetzt nicht mehr: »Tut, was ich nicht kann!« Er organisiert das jetzt anders: »Ich habe es aufgegeben, meine Visionäre und Konzeptkünstler zum Anpacken zu bewegen.

Ich habe das Problem organisatorisch gelöst!« Seine Verkäufer verkaufen jetzt nicht alle gleich. Nein, die Visionäre unter ihnen lässt er verstärkt Konzepte und Kampagnen ausarbeiten – und seine Anpacker lässt er diese umsetzen.

Gut geführte Sales Forces praktizieren das schwerpunktmäßig: Viele Verkaufsleiter haben es aufgegeben, ihre Verkäufer zur Neukundenakquise anzutreiben, wenn diese Hopper-Verkäufer seit Jahren lieber von Stammkunde zu Stammkunde hoppen und sich nicht an die Neukundenakquise rantrauen. Die komplette Neukundenakquise wird dann an eine separate Taskforce ausgelagert (zu der Hopper keinen Zutritt haben, was eine erstklassige Bewerber-Selektion voraussetzt). Man hat dann zwar ein organisatorisches und das Incentive-Problem. Aber diese Probleme sind einfacher zu lösen als der fruchtlose Versuch, hoppende Verkäufer kurieren zu wollen …

Genau das wird aber in der Praxis weitgehend versäumt. Ständig höre ich von Vorgesetzten: »Meine Leute sind so XY-schwach! Bringen Sie denen mal mehr XY bei!« Wenn ich erfahre, dass ich schon der dritte Trainer bin, der damit betraut wird, lehne ich oft a priori ab: falsche Baustelle!

Arbeiten Sie auf der richtigen Baustelle?

Ständig versuchen Vorgesetzte, ihre Mitarbeiter zu ändern! Was soll das? Wenn das nach einigen didaktisch-methodologisch stubenreinen Versuchen nicht klappt, haben Sie kein Personalentwicklungsproblem, sondern ein Organisationsproblem! Manche erkennen das nicht.

Auch nicht der technische Leiter eines Großbetriebs, der seinen Vertriebsingenieuren »endlich eine bessere Markterkundung beibringen« will: »Die Kunden erzählen denen täglich die besten Produkt- und Service-Ideen – aber die sind zu dämlich oder zu faul, diese so zu reporten, dass wir damit was anfangen können! Bringen Sie denen das mal bei!« Ja klar: Der Schuster wird's schon richten, der Schuster kriegt das hin – nachdem drei andere Berater oder Trainer gescheitert waren. Und warum kriegt der das hin? Weil er den Auftrag verweigert.

So wie die Vertriebsingenieure ihren Auftrag verweigerten: »Wir werden nicht fürs Reporting bezahlt! Wissen Sie, wie viel Zeit für so'n Scheiß draufgeht?«

Seltsamerweise lieferten drei von 15 Vertriebsingenieuren tadellose Berichte ab, die schon Anstoß zu lukrativen Neuprodukten und Dienstleistungen gegeben hatten. Riechen Sie die Lösung? Der technische Leiter roch nichts: »Die müssen das alle so gut können wie die drei! Machen Sie ein internes Benchmarking und ein Modelling der Bright People!« Toller Jargon, aber ich verweigerte den Auftrag.

Ich schlug stattdessen vor, den drei »Bright People« 30 Prozent ihrer Vertriebsziele zu erlassen und sie in der freiwerdenden Zeit für die Markterkundung zu bezahlen: Warum sollten 15 Leute etwas machen, das drei von ihnen besser machen können, als dies die zwölf Unwilligen je gekonnt hätten? Das wäre die organisatorisch sinnvolle Lösung. Zwei der Ingenieure waren sofort Feuer und Flamme – warum reporteten sie wohl so toll? Weil ihnen das Spaß machte! Weil ihnen das Sinn gab (vgl. Kapitel »Inputitis«).

Den technischen Leiter und den Geschäftsführer von dieser organisatorischen Lösung zu überzeugen, dauerte wesentlich länger: Sie hatten eine Organisation. Sie lebten in einer Organisation. Aber wie Henry Mintzberg meinte: Sie hatten keine Ahnung von der Organisation. Der technische Leiter sagte mir: »Wir braten hier doch keine Extrawürste!« Aha. Er verzichtete also auf Millionen zusätzlichen Umsatzes wegen ein paar »Extrawürsten«, die ihn keinen Cent direkter Kosten kosten würden? Das ist Logik? Das ist unternehmerisches Kalkül? Das ist Unfug. Nein, das ist der falsche Mindset.

Action Fact

Der Mensch muss sich der Organisation anpassen? Stimmt für den Durchschnitt. Wer besser als der Durchschnitt sein möchte, passt seine Organisation den Bright People an!

Sören (s. o.) tat das nicht: Er ließ seine »bessere Hälfte« lieber ziehen als sie organisatorisch zu integrieren (zum Beispiel als stellvertretende Abteilungsleiterin). Der technische Leiter in unserem Beispiel tat es endlich nach wochenlanger hartnäckiger Bearbeitung (vgl. Kapitel »Logorrhö«): Er ließ seine zwei Super-Reporter von der Leine, befreite sie von 20 Prozent ihrer Vertriebsziele – und wurde binnen eines halben Jahres mit marktfundierten Innovationsideen mit sechsstelligem Umsatzpotenzial belohnt. So macht man das: organisieren statt trainieren.

Tote Pferde reiten

Seltsamerweise haben viele Manager, die Probleme mit dem Hopping haben, auch Probleme mit dem Gegenteil von Hopping: Sie hüpfen nicht im Wochentakt von einem Gaul auf den anderen. Nein, sie reiten tote Pferde. Zum Beispiel die Generaleinkäuferin eines Mode-Unternehmens.

Sie kauft relativ impulsiv (typisch Hopper) zehn Software-Lizenzen für einen sechsstelligen Betrag. Für die zehn Töchter des Konzerns. Acht Lizenzen werden implementiert. Auf zweien bleibt sie sitzen, weil die Töchter dankend den Impulskauf abwinken: »Das passt bei uns nicht!« Zum Glück kauft der Konzern drei Monate später eine elfte Tochter. Die Einkaufsleiterin frohlockt: »Jetzt bringe ich die beiden überzähligen Lizenzen unter!«

Sie fragt sich nicht, 3. Gebot des Action Managements (s. Mittelfinger der Fünf-Finger-Methode): Macht das Sinn? (Für die Tochter, nicht für die Einkäuferin!) Nein, sie drückt der neuen Tochter einfach die beiden Lizenzen aufs Auge. Aber ist das nicht genau richtig? Sie zieht die Sache durch!

Mach mal!

Sein Ding durchziehen heißt nicht, tote Pferde über die Ziellinie zu ziehen. Es heißt, das Pferd ins Ziel zu reiten oder abzusteigen, wenn es verendet ist.

Die Generaleinkäuferin steigt nicht ab. Sie reitet weiter auf dem toten Pferd. Zwei Jahre lang reitet sie das arme tote Pferd. Zwei Jahre lang versucht die Tochter vergeblich, die aufgepfropfte IT zum Laufen zu bringen und verliert dabei viel Zeit und Geld. Beides fehlt ihr bitter. Deshalb zettelt sie irgendwann eine Palastrevolte an – und hat Erfolg. Heute bestellt die Einkaufsleiterin Bleistifte in Sibirien. Und alles wegen eines toten Pferdes …

Action Fact

Etwas durchzuziehen heißt, es bis zum Erfolg oder bis zu seinem natürlichen Ende durchzuziehen. Action Manager betreiben keine Leichenfledderei.

Viele fragen mich: Wie sieht man denn, dass eine Sache aussichtslos ist? Das ist eine Hopper-Frage. Wer nicht hoppt, sondern durchzieht, ist so tief im Detailleben der Sache drin, dass er recht schnell merkt, wenn nichts mehr geht. Mehdorn zum Beispiel versprach noch kurz nach seinem Amtsantritt als Retter des neuen Berliner Flughafens eine zeitnahe Teileröffnung. Wochen später war er so gut eingearbeitet, dass er den Tod des Pferdes erkennen und den Endtermin auf unbestimmte Zeit verschieben konnte. Das ist immer noch besser als von Termin zu Termin zu hoppen. Vor allem Kunden hassen das.

Kunden hassen Hopper

Hopper sind meist total verblüfft über den Hass, der ihnen von in- und externen Kunden entgegenschlägt. So auch der große Maschinenbauer, der seit drei Jahren konsequent reorganisiert. »Das macht unsere Prozesse schneller«, sagt der Geschäftsführer. »Das macht die Auftragsbearbeitung einfacher, die Reaktionszeit kürzer« – und die Kunden stocksauer. Weil die Prozesse schneller werden? Wie verrückt ist das denn?

Nicht verrückt, sondern logisch, wie der größte Kunde dem Geschäftsführer in einem hitzigen Telefongespräch um die Ohren haut: »Entweder Sie geben uns heute noch einen Kundenbetreuer, der bleibt – oder wir gehen zur Konkurrenz. In den letzten drei Jahren hatten wir vier Kundenbetreuer. Jedem einzelnen musste ich unsere Ziele, Anliegen und Pläne von null an neu erklären – das mache ich nicht mehr mit.« Der größte Kunde droht mit Absprung? Wie kann einem erfahrenen Manager so ein saudummer Fehler passieren?

Action Fact

Hopper, denen dumme Fehler passieren, sind nicht dumm. Sie sind lediglich so adrenalingeschwängert vom wagemutigen Ritt auf der wilden Sau, dass sie alles andere aus den Augen verlieren. Auch ihr eigenes Überleben …

Viele hoppen so heftig, dass Kunden, Mitarbeiter oder Ehepartner verunsichert oder wütend irgendwann abspringen oder sabotieren. Andere wiederum antizipieren genau dieses Risiko und fallen ins gegenteilige Extrem. Sie verharren in Beharrungsstarre, weil sie die Rückkopplung des Systems fürchten:

»Das wäre schon nötig – aber das machen unsere Kunden nicht mit!« Das ist Käse.

Mach mal!

Systemrückkopplungen sind kein Grund für Angststarre, sondern eine Aufforderung: Mach es! Aber mach es nicht wild hoppend, sondern kundenfreundlich!

Man sollte sich vor jedem Hop schlicht fragen: »Wie nehmen das die Kunden (und andere Zielgruppen und Stakeholder) auf? Und wie können wir deren Reaktion positiv beeinflussen?« Das sind triviale Fragen. Warum werden sie nicht gestellt? Was meinen Sie?

Richtig: Besserwisserei (s. Kapitel »Hybris«). Wer meint, sowieso schon alles zu wissen, stellt keine Fragen und nimmt keine Rücksicht – am allerwenigsten auf Kunden, Haustiere, Fußgänger und Familienangehörige. Eine Action Managerin, kurierte Hopperin, stellt regelmäßig in Meetings die Frage: »Wenn wir jetzt springen – wem springen wir dabei möglicherweise auf die Zehen?« Wenn sie springt, tut sie damit wenigstens keinem mehr weh, weil sie ex- und intern kundenorientiert springt. Das ist ein gutes Stichwort.

Kundenorientierung für Hopper

Kundenorientierung hat sich auch deshalb nie durchgesetzt, weil im Management so viele Hopper unterwegs sind. Und für die meisten Hopper ist »Kundenorientierung« ein kleines Dorf in Usbekistan. Hopper finden Ideen geil – nicht Kunden (oder Umsatz). Zum Beispiel Ken.

Ken ist Amerikaner und leidenschaftlicher Hopper. Er ist seit drei Monaten Bereichsleiter und organisiert gerade seine sechs Abteilungen um. Vormals linienorganisiert, sollen sie jetzt matrixorganisiert managen. Er ruft die sechs Abteilungsleiter zusammen, zeichnet die Matrix aufs Flipchart und sagt: »Die Idee dahinter ist bestechend simpel, aber für unsere Effektivität durchschlagend! Das leuchtet einem auf den ersten Blick ein. So wollen wir das künftig machen! Noch Fragen?«

»Äh, ja. Wie sollen wir die Zusammenarbeit untereinander regeln? Wie die Schnittstellen managen? Wer ist wofür zuständig? Was machen wir, wenn zwei Abteilungen gleichzeitig auf ein und denselben Kunden zugreifen? Das muss dem Kunden doch mächtig auf den Senkel gehen ...«

»Aber schaut euch doch die Matrix an! Das ist doch klar ersichtlich!«

In einer Matrix? Klar ersichtlich? Das wäre das erste Mal. »Matrix« kommt aus dem Lateinischen und bedeutet übersetzt: »Keiner blickt mehr durch.« Einer der sechs Abteilungsleiter fragt sarkastisch: »Wo ist unser Bereichsleiter, wenn man ihn mal braucht?« – »Der ist geistig schon im nächsten Großprojekt«, antwortet ihm eine Kollegin. Ein Hopper beantwortet keine Detailfragen. Ein Hopper will weiterhoppen. Einen Monat später hat der Bereich einen neuen Bereichsleiter. Die sechs Abteilungsleiter zerstritten sich in diesem Monat derart heftig wegen der zahlreichen in Matrixorganisationen üblichen Schnittstellenprobleme, dass der Geschäftsführer einschreiten musste. Er strich die Matrix und feuerte den Hopper. Jetzt hoppt er woanders ... Dabei war die Matrix keine schlechte Idee. Der Hopper hätte sie lediglich besser durchdenken und kommunizieren müssen. Aber auch das können (und wollen) Hopper nicht.

Mach mal!

Action Manager hoppen nicht. Sie »machen fertig«. In allem. Auch und gerade in der Kommunikation.

Hopper hüpfen nicht nur chaotisch, sie kommunizieren auch so. Hopper kommunizieren hoppend. Sie reißen an, deuten an, skizzieren – und sind im nächsten Satz schon meilenweit weggehoppt, während ihr Gegenüber wie vom Bus gestreift bedeppert dasitzt und noch nicht einmal den vorvorletzten Hüpfer verstanden hat. Wenn Menschen fragen: Wie soll das gehen? Wie lösen wir folgendes Problem? Wie überwinden wir Anlaufschwierigkeiten? – dann antwortet der Hopper: »Das seht ihr doch! Das ist doch klar. Knobelt das selber aus. Dafür werdet ihr schließlich bezahlt!«

Action Fact

Hopper bleiben Antworten schuldig. Action Manager bleiben nichts schuldig. Sie kommunizieren zu Ende.

Selbst wenn sie ein Detail nicht kennen, nehmen sie das Gespräch mit jenen auf, die es kennen. Hopper machen das nicht. Warum nicht? »Für die Details habe ich doch meine Leute!« Aber wenn gerade jene es sind, die Antworten verlangen? »Dann sollen die das gefälligst selber regeln, dafür bezahle ich sie schließlich!« Ach ja, und wofür wirst du bezahlt? Fürs Führen? Wirklich? Noch nie darüber nachgedacht, dass »sollen die das gefälligst selber regeln« das Gegenteil von Führen ist? Nämlich die dienstvertragswidrige Totalverweigerung von Führung? Nichts gegen Hopper.

Man darf Hopper sein. Einige meiner besten Freunde sind Hopper. Aber keiner von ihnen würde jemals einem Fragenden erklären, dass er sich seine Frage sonst wohin stecken kann und die Antwort gefälligst selber ausknobeln soll. Auch Hopper tragen Führungsverantwortung. Und sie tragen Verantwortung für das, was sie denken. Leider hapert es oft auch damit.

Mach fertig! heißt auch: Denk fertig!

Es wäre noch halbwegs tolerabel, wenn Hopper die Dinge lediglich nicht zu Ende bringen könnten oder wollten. Aber sie *denken* sie auch oft nicht zu Ende.

Typisch dafür ist der große Mittelständler, der für die Zukunft Fach- und Führungskräftemangel befürchtet und deshalb von einem Personalberater sechsstellig ein High-Potential-Programm kauft. Im ersten Durchgang nehmen daran fünf Superhigh-Potentials teil. Nach drei Jahren schließen sie mit MBA ab – und gehen anschließend zur Konkurrenz, die sich wärmstens dafür bedankt: Money for nothing and your chicks for free. Wie konnte das passieren? Worauf tippen Sie?

Man sollte meinen, dass drei Jahre ausreichend Zeit bieten, um fünf Superqualifizierten berufliche Perspektiven anzubieten, die ihrer neuen Qualifikation entsprechen. Ausreichend? Nicht ausreichend für Hopper. Sie denken an die geniale Idee – sie denken sie nicht zu Ende (und sie fegen die Rückmeldung von jenen vom Tisch, die zu Ende denken: Das wäre die organisatorische Lösung, s. o.).

Als die High Potentials nach drei Jahren zurückkommen, denkt der Personalchef nicht im Traum an ihren nächsten Karriereschritt. Er denkt schon lange an seinen überübernächsten Hop: die Konzeption für eine Corporate University. Warum sollte er sich um dieses »alte« Projekt der High Potentials kümmern? Inzwischen ist der Aufsichtsrat auf seine Hopperei aufmerksam geworden und betreibt seinen Rauswurf. Aber wird hier nicht der Hopper mit dem Bade ausgeschüttet?

Mach mal!

Der fünfte Normativ des Action Managements: Mach fertig!

Wir tun ja immer so, als sei Hopping eine Charakterschwäche. Nun, im Endeffekt ist sie das auch – aber erstens sind wir alle nur Menschen und haben alle Schwächen und zweitens wird Hopping doch geradezu vom System provoziert: Wie soll man denn unter diesem mörderischen Zeit-, Termin- und Erfolgsdruck *kein* Hopper werden? Ist nicht der Hopper jener Manager, der sich perfekt an unsere Hechel & Japs-Zeit angepasst hat? Ist nicht der OHH der Manager der Zukunft?

Der OHH: Manager der Zukunft!

Der Operative Hectic Hopper (OHH) hoppt nicht aus Charakterschwäche, sondern weil ihn die vorherrschende operative Hektik dazu zwingt: »Ich muss hundert Dinge pro Stunde erledigen – da ist Hopping keine Selbstsabotage, sondern Survival Skill!«, sagt mir eine Coachee. Sie heißt Christine, kurz Chris genannt.

Chris hat vor sechs Monaten einige neue Prozesse definiert, konzipiert, gebrieft, geschult und implementiert. Als ich sie per Coaching on the Job begleite, stellen wir in den Büros ihrer Mitarbeiter fest: Neue Prozesse? Fehlanzeige! Sechs von zehn Sachbearbeitern arbeiten noch mit den alten. Chris ist schon lange zu den überübernächsten Projekten weitergehoppt, während ihre Leute noch nicht mal die aktuellen umsetzen können oder wollen! Chris hat erst mal einen Anfall, spricht von »Meuterei!« und »Sabotage!« Hinter vorgehaltener Hand fragt sie mich: »Ist das meine Schuld? Bin ich eine schlechte Führungskraft?« Ja, aber nicht so wie Chris meint.

Chris wirkt wie ein Karnickel auf Speed, das im Zeitraffer hektisch über die Wiese oszilliert, während ihre angestellten Schildkröten sich in Zeitlupe an die Stirn tippen – und sonst bewegungslos verharren. Als uns das beim Walking around so richtig klar wird, ist Chris' erste Reaktion: »Aber ich kann denen doch nicht jede Änderung so lange erklären bis die das endlich auch auf die Reihe bekommen! Dafür habe ich doch nicht die Zeit!« Das stimmt. Beides. Aber das ist leider völlig irrelevant. Beides.

Chris soll ihren Leuten die nötigen Veränderungen nicht stundenlang erklären. Das würde im Übrigen auch nichts nützen. Action Manager machen das nicht, eben weil es sinnlos wäre. Was machen sie dann?

Effektive Kommunikation

Die meisten Hopper brüllen irgendwann »Meuterei! Meine Leute lassen mich hängen!« Davon kann keine Rede sein. Die Leute meutern nicht, sie stehen lediglich mit heraushängender Zunge am Straßenrand, sabbern erschöpft und hecheln wie ein Pudel, nachdem er im Sprint versucht hat, einen Porsche zu überholen: Die kommen schlicht nicht mehr mit! Hopper sind zu schnell und zu sprunghaft für »normale« Menschen. Das ist super!

Mach mal!

Hoppen Sie ruhig weiter! Aber sorgen Sie dafür, dass Ihre Umgebung Ihnen folgen kann!

Das sehen die meisten Hopper ein. Sie können es lediglich nicht umsetzen, weil sie keine effektive Kommunikation beherrschen. Dem lässt sich abhelfen.

Action Fact

Zwei Drittel der Menschen sind change-avers. Aber nicht, weil sie Meuterer wären, sondern weil sie unter anderem a) Angst haben und b) ihr Kosten/Nutzen-Kalkül nicht stimmt.

Manager reden viel. Leider hilft viel reden nicht viel. Man(ager) sollte nicht *viel*, sondern *effektiv* reden. Das ist wirksamer, wie der Name schon sagt, und es kostet weniger Zeit. Effektive Kommunikation schlägt Endlosgerede. Wie funktioniert effektive Kommunikation (in der Turbo-Fassung)? Wie eben angedeutet.

Mach mal!

Sie wollen, dass Menschen Ihre Ziele erreichen? Dann reden Sie nicht nur über Ihre Ziele, sondern vor allem über Affekte und Nutzen (das sind nämlich die beiden Engpassfaktoren von Zielen).

Chris und ich machen das on site. Der erste Sachbearbeiter sagt: »Der alte Prozess läuft viel schneller. Den mache ich schließlich seit zwei Jahren jeden Tag zig Mal!« Warum also sollte er sich umgewöhnen? Das bedeutet zusätzlichen Aufwand für ihn – ohne zusätzlichen Ertrag: kein Nutzen! Im Gegenteil: Er verliert auch noch Zeit beim Einlernen in den neuen Prozess! Also macht Chris Nutzenargumentation: »Ja, klar. Am Anfang geht das Neue immer langsamer als das Alte. Aber bitte probieren Sie das nur eine Woche aus. Ich wette mit Ihnen, dass danach alles viel schneller geht und Sie viel Zeit sparen. Dann haben Sie endlich auch mehr Zeit für die wirklich wichtigen Dinge.« Warum hat Chris das nicht gleich gesagt? »Das habe ich doch!«, empört sich Chris.

»Ich hab denen doch gesagt, was uns das nutzt!«, meint sie. Uns? Was *uns* das nutzt? Wen meinte sie damit? »Äh, tja, na ja, eben uns, dem Unternehmen.« Typischer Hopperfehler.

Mach mal!

Dass eine Maßnahme Ihnen und dem Unternehmen nutzt, ist ja wohl klar! Aber was nutzt sie denen, die sie umsetzen sollen?

Viele Hopper sind chronische Nutzenverwechsler. Sie können den Nutzen fürs Unternehmen nicht vom Nutzen für die Mitarbeiter unterscheiden. Schlimmer: Hybritiker (s. Kapitel »Hybris«) halten beides für ein und dasselbe: »Was dem Unternehmen nützt, nützt auch den Mitarbeitern!« Das ist gequirlter Quark. Jeder Mensch hat seine eigene Definition von Nutzen. Doch Hopper hoppen meist viel zu schnell, um sich Gedanken darüber zu machen, was das, was sie wollen, denen nutzt, die das umsetzen müssen. Dieses Versäumnis lässt sich schlicht durch scharfes Nachdenken ausmerzen.

Mach mal!

Hoppen Sie nie schneller als Sie denken können!

Bleibt noch die Furcht. Die Furcht vor Neuem: »Das klingt ja alles schön und gut, aber ich weiß nicht. Der neue Prozess erscheint mir doch ziemlich wackelig«, sagt der Angestellte, der die neuen Arbeitsprozesse verschmäht. Ein Vorgesetzter mit guten Augen (vgl. Kapitel »Hybris«) erkennt das als Angst-Symptom. Deshalb sagt Chris: »Ich betrachte es als selbstverständlich, dass Ihnen in den ersten Wochen einige Fehler passieren. Ich gebe Ihnen mein Wort: Ich werde keine große Sache daraus machen. Mir ist wichtiger, dass Sie sich einlernen.« Man kann mit bloßem Auge sehen (wenn man sehen kann, vgl. Kapitel »Hybris«), wie die Mimik des Angestellten sich entspannt. Seine Angst nimmt ab. Er wagt sich an den neuen Prozess. Ziel erreicht. Dank effektiver Kommunikation.

Hopping ist kein Analyse-Ersatz!

Wissen Sie, warum in jedem verdammten Anforderungsprofil für Manager das obskure »analytische Denkvermögen« auftaucht? Weil es hauptsächlich dort auftaucht. In der Praxis finden Sie es seltener.

Viel öfter finden Sie dort – was? Richtig. Hopping. Als Ersatz für analytisches Vermögen. Zum Beispiel beim Anlagenbauer, der den Wandel zur Dienstleistungsgesellschaft etwas verschlafen hat. Hektisch legt er nun einen nagelneuen Service für seine Kunden auf: Tada! Jetzt rollt der Rubel! Tut er nicht.

Der Service wird vom Markt nicht angenommen. Die Kunden ordern nicht, sie mosern. Was macht der Geschäftsführer? Er hoppt. Zum nächsten Service. Auch dieser floppt am Markt. Warum? Seltsam: Exakt diese analytische Frage stellt der Anlagenbauer nicht. Er analysiert nicht. Wozu auch zwei Tage analysieren, wenn man sofort einen neuen Service in den Markt werfen kann – den die Kunden dann noch schneller ablehnen?

Action Fact

Viele Menschen machen Hopping statt Analyse: trial and error. Einfach so lange ausprobieren, bis was passt. Das ist Management by Zufall.

Dabei hätte bereits die oberflächliche Analyse der Sachlage ergeben: Die Abteilung MRI (Montage, Reparatur, Instandhaltung) kann weder den einen noch den anderen Service verkaufen. Sie kann überhaupt keine Dienstleistungen (gut) verkaufen. Warum? Weil die Abteilungsmitglieder Monteure und keine Verkäufer sind. Die brauchen eine Zusatzqualifikation. Warum sieht das die Geschäftsleitung nicht?

Action Fact

Das fatale an den fünf Ausrutschern ist: Sie wirken kumulativ und interdependent. Hybritiker (vgl. Kapitel »Hybris«) sind so blind, dass sie oft keine Problemursachen erkennen (wollen) und deshalb gezwungenermaßen blind von Mode zu Mode, von Option zu Option hoppen in der Hoffnung, durch Zufall die richtige Lösung zu erwischen. Umgekehrt macht Hüpfen vielen Hoppern so viel Spaß, dass sie die wahren Problemursachen nicht erkennen wollen – sie wollen einfach nur hüpfen!

»Keine Sorge, der beißt nicht – der will bloß hüpfen!«, sagt eine leidende Angestellte über den MRI-Leiter. Als ihm das lange nach seinen Mitarbeitern endlich auch klar wird, erkennt er, wo der Hase im Pfeffer liegt und genehmigt seinen Monteuren die erste Sales-Zusatzqualifikation ihres Lebens. Der Umsatz geht nach oben. Warum nicht gleich so? Weil in vielen Unternehmen Hopping die Analyse abgelöst hat. Man analysiert nicht, man hoppt.

Schweine-Meetings

Hopper hoppen nicht nur von einer grandiosen Idee zur nächsten. Sie machen das auch im Kleinen, zum Beispiel in Meetings.

Da ist beispielsweise der Projektleiter, der seine Leute Freitagnachmittag in den Sitzungsraum treibt und dann 140 Punkte von der Checkliste abarbeitet. »Projekt-Karaoke« nennen die Profis das oder auch »Tracklist-Management«. Schon bei Punkt 17 sind die meisten eingeschlafen. Das ist bemerkenswert.

Action Fact

Der Hopper findet Hopping aufregend – seine Opfer tödlich langweilig. Weil sie nicht mehr mitkommen und dann frustriert abschalten und sich tot stellen – oder rebellieren.

Eines seiner Opfer sagt nach dem Aufwachen im Sitzungssaal mit ganz kleinen Augen: »Management by Pig: Unser Projektleiter macht kein Projektmanagement. Er treibt mit dem Flammenwerfer die Schweine durchs Dorf.« Deshalb kriegt er inzwischen keine (freiwilligen) Teammitglieder mehr. Die sind alle zwei Projekte weiter, beim Action Manager. Wie macht der das?

Ganz einfach. Er rattert die 140 Schweine nicht hoppend runter, sondern fragt nach ihnen: »Was sollten wir heute bereden? Wo hakt's?« Der Erfahrung nach kommen seine Leute von allein auf die 140 Punkte (schließlich kennen sie sich im Projekt aus). Deshalb sagt dieser Manager: »Ich liebe Teammeetings! Ich muss dort lediglich freundlich begrüßen, meine zwei Fragen stellen, ab und zu moderieren, zusammenfassen, dem Protokoll Stichworte geben – und die Leute dann verabschieden. Die ganze Arbeit und die Wortbeiträge machen die Teammitglieder! Toll!« Deshalb schlafen sie nicht ein. Und sind motiviert. Und das Projekt kommt voran. Und alle reißen sich um Plätze in seinen Projekten. Ist das nicht besser als die ganze elende TOP-Hopperei?

Der Chef-Killer

Hopper sind süß, Hopper sind nett, Hopper passen in jeden Kuschelzoo. Dort gehören sie auch hin, denn in freier Wildbahn überleben sie nicht lange. Der Hopper ist nämlich ein selbstmordgefährdetes Tier.

Action Fact

Chefs, die hoppen, killen sich selbst.

Sie laufen ins offene Messer ihrer Mitarbeiter, Kunden und Vorgesetzten, die von der Hopperei überfordert sind. Doch warum sind Menschen von den guten Ideen ihrer Chefs überfordert? Das liegt an den zentralen Programmen, die Entwicklungspsychologen in den Köpfen der Menschen entdeckt haben. Danach haben alle Menschen drei zentrale Wünsche. Sie erwarten von Ehepartnern, Eltern, Politikern und Vorgesetzten:

1. Sicherheit
2. Einzigartigkeit
3. Freiraum

Wenn man Menschen fragt, ob sie jemals einen idealen Vorgesetzten hatten, und dann untersucht, was diese idealen Chefs ausmacht, kommt bei der Faktoranalyse immer dasselbe heraus. Die erlebten Supervorgesetzten waren so super, weil sie drei Dinge taten: Sie gaben Sicherheit, sie gaben Freiraum und erkannten die Einzigartigkeit des Mitarbeiters (statt ihn als Kostenfaktor über einen Kamm zu scheren).

Mach mal!

Wie war das bei Ihnen? Welcher Ihrer Vorgesetzten kam dem idealen Chef am nächsten? Wie gestaltete er die drei zentralen Faktoren? Wie gestalten Sie sie? Womit? Wie oft? Welcher Faktor ist Ihr schwächster? Welcher Ihr stärkster? Wie weit sind Sie noch vom Idealbild entfernt? Und würden Ihre Mitarbeiter (Kinder, Beziehungspartner …) diese Distanz sehen? Was wünschen sich Ihre Mitarbeiter (Kinder, Beziehungspartner, Chefs …) bezüglich dieser drei Kernfaktoren wohl von Ihnen? Wie wollen Sie es herausfinden? (Oder wissen Sie das ohnehin besser als die Mitarbeiter es wissen?)

Das Fatale am Hopping ist: Hopper können keine Sicherheit geben. Im Gegenteil. Sie zerstören Sicherheit und killen sich damit per Bumerang-Effekt selbst. Raimund ist so ein australisches Selbstmordopfer.

Wie Chefs sich selbst sabotieren

Als Raimund einer Projektleiterin einen Vorschlag macht und diese ihn rundheraus ablehnt, sagt er: »Was fällt Ihnen ein? Ich bin hier der Boss. Ich werfe Sie raus, wenn Sie das nicht machen!« Sie macht es nicht. Das Blöde ist: Raimund hat etwas übersehen (vgl. Kapitel »Hybris«)

Er hat ein Risiko übersehen. Die Projektleitern lag also richtig. Als er das endlich auch erkennt, kann er ihr natürlich nicht mehr kündigen. Das tut er auch nicht – und sabotiert sich damit selbst. Als er dem nächsten Projektleiter nämlich eine etwas anspruchsvolle Anweisung erteilt, sagt dieser verschmitzt: »Nö. Mache ich nicht. Schmeißen Sie mich doch raus!« Er weiß genau: Der Boss hat das schon angekündigt und nicht durchgezogen. Der

Projektleiter fühlt sich siegreich. Raimund fühlt sich kastriert. Sein Gefühl trügt nicht.

Action Fact

Hopper killen ihre eigene Autorität mit ihrer Inkonsequenz.

Inkonsequenz ist die Kehrseite des Hopping. Inkonsequenz verletzt das Sicherheitsbedürfnis der Menschen: Man möchte wissen, woran man ist. Genau das sagen Menschen über schlechte Vorgesetzte und Eltern: »Einmal sagt sie so, dann wieder so. Man weiß nie, woran man bei ihr ist!« Das verunsichert nicht marginal, sondern existenziell. Für Hopper ist Verunsicherung Programm – unbewusst, aber hoch effektiv.

Sie verunsichern die Menschen in ihrem Umfeld schlimmer als ein Tyrann, Despot oder Diktator. Warum? Weil man bei denen immerhin noch weiß, woran man ist! Bei Hoppern nicht: »Gestern hüh, heute hott – ja, was denn nun?« Menschen können Unterdrückung sehr viel leichter ertragen als Zickzack. Sie rebellieren viel seltener gegen Unterdrückung als gegen Unsicherheit. Als der Euro eingeführt werden sollte, protestierten sehr viel mehr Menschen als zu Zeiten der schlimmsten Euro-Krise: Wegen eines dauerkollabierenden Euros geht kein Mensch auf die Straße. Denn da weiß man wenigstens, was man hat: die dampfende Kacke. Ich weiß, dieses Verhalten ist brüllend unlogisch. Aber wissen Sie was? Es ist unlogisch, weil es psychologisch ist. Leider hat der Mensch nun mal eine psychologische Komponente. Hopper ignorieren diese. Auf Raimund hört inzwischen keiner mehr in seiner Abteilung.

Mach mal!

»Mach fertig! Zieh's durch!«, heißt für die Führung: Sei konsequent!

Drohen Sie keine Konsequenzen an, die Sie nicht ziehen können oder wollen. Das zerstört Ihre Autorität. Aber Hopper sind nun mal per definitionem inkonsequent? Wie kann ein zutiefst inkonsequenter Mensch konsequent sein?

Die Quadratur des Kreises

Klingt paradox, wirkt aber: Man kann auch inkonsequent konsequent sein. Raimund hätte bloß sagen müssen: »Ich habe mir die Unterlagen noch einmal angeschaut: Ich habe überreagiert, Sie hatten recht.« Damit ist die Sache repariert, seine Autorität unangetastet. Aber das kann Raimund nicht, weil er nicht nur an Hopping, sondern auch an Hybris leidet (vgl. Kapitel »Hybris«): Er meint, es falle ihm ein Zacken aus der Krone, wenn er mal zugibt, dass auch Mitarbeiter recht haben können. Diese Meinung sei ihm unbenommen. Sie killt ihn bloß. Erst seinen Ruf, dann seine Wirksamkeit, dann seine Karriere.

Auch in anderen Belangen kann ein Hopper problemlos – wenn nicht konsequent sein –, so doch die nötige Sicherheit geben. Ganz einfach mit dem Sinn-Trick (vgl. Kapitel »Inputitis«).

Mach mal!

Gestern hüh, heute hott? Egal: Geben Sie dem Zickzack Sinn!

Frauen zum Beispiel können deshalb schlechter einparken, weil das räumliche Sehen bei Frauen anders funktioniert. Deshalb können sie ja auch Wohnungen viel schöner einrichten als Männer. Was ist das?

Purer Unfug – aber Sie haben es eben geschluckt. Geben Sie es zu. Warum? Das ist nicht Ihre Schuld: Allein das »Weil« gibt Sinn. Das heißt nicht, dass Sie bei Hopping-Anfällen Ihren Mitmenschen blödsinnige Argumente an den Kopf werfen sollen, die lediglich durch ein »weil« verbunden sind.

Action Fact

Sinn und Sicherheit sind viel einfacher herzustellen, als Sie vermuten.

Man muss es nur wollen und dann tun. Warum tun das nur so wenige Politiker, Eltern, Lehrer und Vorgesetzte? Weil sie weder die eine noch die andere Variable auf dem Schirm haben. Sie denken an Erfolg, Zeitdruck, Vorgaben, Aufgaben. Sie denken nicht an Sinn und Sicherheit. Wenn sie das täten, könnten sie viel öfter sagen, als wir das heute hören: »Gestern habe ich A gesagt, heute sage ich B – weil sich seit gestern die Sachlage leider umfassend geändert hat

(Sinn!). So ist die Welt nun mal: hektisch (Sinn!). Aber B schaffen wir doch genauso, wie wir A geschafft hätten (Sicherheit!). Wir klären gleich, wie wir das anpacken können (Sicherheit!).« Wirksame Kommunikation ist so einfach, nicht? Kennen Sie einen, der so kommuniziert?

Zieh dein Ding durch!

Ich bin der Erste, der zugibt: Hopping macht Spaß! Jede Woche ein neues, ehrgeiziges Projekt – Herz, was willst du mehr! Nur so bewegen wir was, nur so geht was. Ich habe hin und wieder zum Beispiel geniale Ideen zu Business-Cases für meine Workshops. Aber glauben Sie, ich recherchiere jeden Case mit allen 50 Basisdaten selber? Ich habe nicht die Zeit und schon gar nicht die Lust dazu, das durchzuziehen. Da bin ich nicht allein.

Ich erlebe selber viel zu oft Vortragende, die einen Case präsentieren, der so grottenschlecht recherchiert ist, dass er nichts von dem beweist, was der Redner damit eigentlich beweisen möchte. Typisch Hopper: geniale Idee, genialer Case, aber weggehoppt, bevor die Recherche zu Ende war. Früher habe ich zu meiner Frau gesagt: »Schließ von außen ab und lass mich erst wieder raus aus dem Büro, wenn ich dir das komplette Paper unter der Tür durchschiebe!« Ich habe mich praktisch zu »Mach fertig!« gezwungen. Das ist die Option »Self-Improvement« (s. o.). Sie funktioniert, ist aber anstrengend (da sie eben nicht den Neigungen entspricht) und außerdem wenig effektiv: Was hätte ich in der Zeit, in der ich recherchierte, nicht alles für geniale Ideen entwickeln können? Heute improve ich nicht, ich organisiere.

Ich ziehe jeden Case bis ins letzte Detail der Recherche durch – aber ich mache das nicht selbst, ich *lasse* das machen. Ich habe mir ganz uneitel ein professionelles Recherche-Team organisiert. Von dem, was die Spezialisten dann liefern, bastle ich mir den Case zusammen. Das können die nicht. Die können recherchieren. Ich kann den Case: Wir ergänzen uns perfekt. Das ist Synergie, das ist Effizienz. Das ist Team! Und darauf läuft die »Hopper-Kur« im Endeffekt raus. Auf das, wofür wir alle bezahlt werden, was wir aber viel zu selten und viel zu wenig tun: Erfolg zu organisieren, statt zu squeezen oder via Prozessmanagement zu erzielen.

Action Fact

Wenn Sie Druck machen müssen, haben Sie die Sache noch nicht richtig organisiert.

Ein guter Manager ist gut. Ein besserer Manager ist nicht deshalb besser, weil er besser wäre, sondern weil er das bessere Team hat: Menschen, die ihn ergänzen und die er auch als Ergänzung (und nicht als Kronprinzen oder diffus-paranoide Bedrohung) betrachtet und behandelt. Das ist Management. Das ist Action Management.

Der Frust der Führungskräfte

»Ich habe erlebt, dass Action Manager durch ihre Quick Wins schnell respektiert wurden. Ab einem gewissen Punkt ist der Respekt dann so groß, dass vom Team unangenehme Entscheidungen mitgetragen werden, obwohl das Team über die Entscheidung und manchmal auch den Action Manager schimpft.«

»Den Mut braucht man nur die ersten Male. Wenn man dann positives Feedback bekommt, macht man einfach weiter. Schlecht ist allerdings, wenn man beim ersten Versuch aktiv zu werden vom Chef eins auf den Deckel bekommt.«

»Eines der Probleme ist, dass niemand mehr die Zeit investieren will, die es braucht, um eine Situation gründlich zu erfassen und dann zu handeln. Dabei meine ich nicht ellenlange Meetings zu halten, die ohnehin nach dem NATO-Standard ablaufen: No-Action-Talk-Only. Sondern dass man mal eine Stunde klar beschreibt, was man will, wo man hin will und wie man das schaffen möchte.«

»Viele Manager wollen einfach nur bestimmen, wissen aber nicht was und vor allem haben sie nicht verinnerlicht, dass zum Managen auch die Übernahme von Verantwortung gehört. Und die führt manchmal dazu, dass man für Fehler zur Rechenschaft gezogen wird. Also lieber nach dem Motto: Wer nichts macht, macht auch keine Fehler.«

»Der Anti-Action Manager fordert erst mal von der Fachabteilung einen dezidierten Schriftsatz mit Anforderungsprofilen nach vorgegebener Logik ein. Ist dieser nicht hundertprozentig nach seinem Gusto, wird er wegen formaler Mängel zur Überarbeitung zurückgeschickt. Strategische Themen mit operativer Auswirkung werden in aller Seelenruhe auf alle Eventualitäten abgeklopft, anstatt die alte Pareto-Regel zu bemühen. Hinterher wundert sich der Anti-Action Manager dann, dass die Welt sich unverschämterweise doch weitergedreht hat und die komplette Anamnese ins Leere läuft. Dieser Typus Manager begreift sein Handeln als Absicherung der eigenen Position per Exkulpierung. Alle anderen werden zur Verantwortung gezogen, er aber ist das reine Gewissen in Person.«

Teil II – Mit fünf Fingern gegen fünf Fehler

Die Fünf-Finger-Methode

»Viel arbeiten macht nicht sexy.«

Markus L., Manager

»Es verblüfft die Menschen, dass das Geniale so einfach ist. Sie vergessen darüber, dass sie noch genug Mühe haben werden, es umzusetzen.«

Johann Wolfgang von Goethe

Warum sind Sie so genial?

Ich vermute stark, dass kein blutiger Anfänger dieses Buch liest, sondern Menschen, die in Beruf und Privatleben schon einiges geleistet haben. Daher die Frage: Warum sind Sie so erfolgreich? Haben Sie schon mal drüber nachgedacht? Wenn Sie sich selbst benchmarken würden: Was ist Ihr Erfolgsgeheimnis?

Betrachten wir einige Ihrer Erfolge – berufliche, private, persönliche oder gesellschaftliche. Ich wette mit Ihnen: Wenn Sie genau genug hinschauen, werden Sie feststellen, dass bei all Ihren vorzeigbaren (nicht zufälligen) Erfolgen fünf Finger im Spiel waren.

1. Sie erkannten, was zu tun war (oder Ihre Chance).

2. Sie packten es an.

3. Sie konzentrierten sich auf das Wesentliche.

4. Sie machten es sich in der Realisation so einfach wie möglich (aber nicht einfacher) und

5. Sie zogen Ihr Ding bis zum Ende durch.

Auch wenn Ihnen diese implizite Erfolgsstrategie bisher vielleicht nicht bewusst war: Jetzt ist sie es. Sie ist das Geheimnis Ihres Erfolgs. Ich gratuliere Ihnen dazu.

Action Fact

Erfolg ist nicht unimodal (»Mach X und du hast Erfolg!«). Er ist multifaktoriell: Fünf Dinge machen den Erfolg.

Machen Sie die Gegenprobe! Betrachten Sie jeden Misserfolg in Ihrem Leben. Ich wette wieder: Sie finden immer einen oder mehrere Finger, die Sie »vergessen«, vernachlässigt oder schlicht versemmelt haben. So einfach lassen sich Erfolg und Misserfolg erklären und erzielen. So einfach und so universell: Mit nur fünf Fingern besitzen Sie für Beruf und Familie, für Ehrenamt und Gesellschaft ein Universalinstrument, eine Metamethode, mit der Sie jeden Erfolg zielgenau ansteuern, jeden Misserfolg verhindern und in jeder Situation das Richtige tun können. Sie können damit durch die »Dynaxität« unserer Tage navigieren (neues Modewort: Dynamik + Komplexität). Sie können in undurchsichtigen Situationen den Überblick behalten und Sie können – most important – damit Ihre Konkurrenten abhängen. Wie machen Sie das?

Machen Sie ab sofort einfach das *bewusst*, was Sie bislang *unbewusst* taten. Öffnen Sie Ihre linke Hand (Linkshänder die rechte), aktivieren Sie den Zeigefinger Ihrer Rechten und deklinieren Sie die fünf Erfolgsfinger nun ganz bewusst durch. Denken Sie an den de-Mello'schen Imperativ:

Der de-Mello'sche Imperativ:

»What you are aware of, you are in control of. What you are not aware of, is in control of you!«

Anthony de Mello

Action Manager deklinieren ständig. Wann immer es ihnen nicht schnell genug vorangeht, wann immer es stockt, bremst oder zögert, deklinieren sie die fünf Finger in der Frageform durch. Wenn Sie das mal bewusst ausprobieren, werden Sie feststellen: Zu jedem Finger fallen Ihnen mehr oder weniger spontan eine Menge guter Fragen ganz im Sinne des Bug Testing ein: Wo steckt der Bug, die Blockade, der Bremsbacken, der meine Bemühungen ausbremst? Die nachfolgende Checkliste, die ich permanent im Einsatz habe, zeigt Ihnen diese Fülle guter Fragen. Bitte verstehen Sie sie deshalb nicht als Pflichtlitanei zum Von-oben-bis-unten-Durcharbeiten, sondern als 60-Sekunden-Anregung: Überfliegen Sie die Fragen ganz einfach und warten Sie, bis es bei einer bestimmten Frage »klingelt«. Das wird es. Ich garantiere es.

Der Bug Buster: Wo steckt der Fehler?

1. Der Daumen: Was übersehe ich? (oder: Das Wesentliche identifizieren)

Wenn es nicht schnell genug vorangeht, sind natürlich immer erst mal »die anderen!« schuld – oder Sie übersehen etwas. Was? Fragen Sie sich:

- ❑ Welche Chance(n) übersehe ich?
- ❑ Welche Risiken?
- ❑ Alternativ-Optionen?
- ❑ Bin ich von der Benchmark abgekommen?
- ❑ Habe ich überhaupt eine?
- ❑ Übersehe ich implizite Interessen von Stakeholdern?
- ❑ Schwache Signale?
- ❑ Versteckte Widerstände?
- ❑ Latente Konflikte?
- ❑ Erfahrungen von gescheiterten vergleichbaren Vorhaben?
- ❑ A priori verworfene Optionen, die auf den zweiten Blick doch nicht so schlecht sein könnten?

- ❑ Die einfachere Lösung (vgl. Ringfinger)?
- ❑ Das Wesentliche (vgl. Mittelfinger)?
- ❑ Den Double Loop (vgl. Kapitel »Inputitis«)?
- ❑ Erwarte ich zu große Fortschritte oder gar die perfekte Endlösung in einem Zug – und übersehe deshalb die kleinen, aber zielführenden Fortschritte?
- ❑ Übersehe ich etwaige systemische Rückkopplungen?
- ❑ Einen degenerativen Effekt der implementierten Lösung?
- ❑ Einen stärkeren Hebel?
- ❑ Unterschätzte Rahmenbedingungen?
- ❑ Einen Meinungsführer oder heimlichen Platzhirsch?
- ❑ Dokumentierte, aber übersehene Erfolgsfaktoren?
- ❑ Das versteckte Veto eines Mächtigen?
- ❑ Einen unscheinbaren, aber entscheidenden Prozessschritt?
- ❑ Das, was ich nicht sehen will?
- ❑ Das, was ich nicht sehen möchte, weil es eine meiner Schwächen berühren könnte?
- ❑ Das, was mir meine Frau oder sonst jemand, dessen Expertise ich nicht vorbehaltlos annehmen kann, geraten hat?
- ❑ Das, was ich in solchen Situationen häufig übersehe?
- ❑ Das, was nicht sein kann, weil es nicht sein darf?
- ❑ Das, was zu viel Mühe machen würde?
- ❑ Das, was zu einfach ist, als dass es wahr sein könnte?
- ❑ Das, was mir ein Konkurrent geraten hat, dem ich nicht die Freude lassen möchte, seine Lösung zu benutzen?
- ❑ Eine zu niedrig eingestufte Priorität?
- ❑ Einen Ressourcen- oder Prozess-Engpass?
- ❑ Kompetenzdefizite der Ausführenden?
- ❑ Mangelhafte Vertikal- oder Horizontalkommunikation?
- ❑ Unklare Vorgaben?
- ❑ Tote Pferde (vgl. Kapitel »Hopping«)?

2. Der Zeigefinger: Was hält mich vom Handeln ab? (oder: In die Gänge kommen)

Wenn es nicht schnell genug vorangeht, liegen praktisch per definitionem Handlungshemmnisse vor. Der ewige Nörgler konzentriert sie wie üblich auf die Hemmnisse der anderen. Der Action Manager identifiziert seine eigenen Anteile:

- ❑ Paralysiere ich mich gerade via Analyse?
- ❑ Durch überbordende Konzeption, Planung und Kontrolle?
- ❑ Durch paranoide Absicherung statt vernünftigem Risk-Management?
- ❑ Politische Spielchen?
- ❑ Verunsichern mich unqualifizierte Unkenrufe?
- ❑ Blockiert mich das Machtwort eines Mächtigen – aber warum sehe ich dann nicht (vgl. Daumen) meine verbleibenden Freiräume?
- ❑ Bremsen mich die verdammten Bürokraten – aber warum sehe ich nicht die Tricks, mit denen man sie austricksen kann?
- ❑ Unternehme ich gerade eine Security Operation statt einer Action Operation?
- ❑ Versuche ich mit vielen Worten recht zu haben, anstatt endlich zu handeln?
- ❑ Suche ich die Zustimmung anderer, anstatt mich auf mein eigenes Urteil zu verlassen?
- ❑ Bettle ich um Erlaubnis, anstatt später lieber um Entschuldigung zu bitten?
- ❑ Meete ich mal wieder statt zu machen?
- ❑ Ist Angst mein Ratgeber? Was könnte denn schlimmstenfalls passieren? Und wäre das wirklich so schlimm?
- ❑ Ist es mir wichtiger, gut dazustehen anstatt etwas zu bewegen?
- ❑ Mangelt es mir an Erfahrung? (Dann besorge ich mir welche aus zweiter Hand)

3. Der Mittelfinger: Mache ich, was Sinn macht? (oder: Das Richtige machen)

Ich kenne keine Faulpelze im Management. Wir alle sind praktisch 24/7 am Machen. Machen wir das Richtige? Das Wesentliche?

- ❑ Oder schwinge ich einen Hammer und behandle alles, was mir unterkommt, als sei es ein Nagel?
- ❑ Verzettle ich mich gerade in Details?
- ❑ In Steckenpferd-Ideen?
- ❑ In Tangentialthemen?
- ❑ In Rechthaber- und Kontroll-Orgien?
- ❑ In Haarspaltereien?
- ❑ In unnötigen Machtkämpfen?
- ❑ In Abteilungsegoismen?
- ❑ In Allmachtsfantasien?
- ❑ In Dingen, die mir liegen, die aber nicht entscheidend sind?
- ❑ In Aufgaben, die nicht auf dem kritischen Pfad liegen?
- ❑ In Luxuselementen der Aufgabe?
- ❑ In wichtigen, aber nicht entscheidenden Erfolgstreibern?
- ❑ Im Altbewährten?
- ❑ Im wenig Erfolgsträchtigen, aber politisch Erwünschten?

4. Der Ringfinger: Mache ich es mir zu kompliziert? (oder: Es so einfach wie möglich machen)

Diese Frage ist generell mit Ja zu beantworten. Wo und wie Sie es sich zu kompliziert machen, verraten folgende Fragen:

- ❑ Warte ich darauf, dass irgendwer den Startschuss gibt?
- ❑ Dass jemand anderes die Verantwortung übernimmt?

- ❑ Am besten ein Meeting, ein Gremium, ein Vorgesetzter, ein Experte, Berater …?
- ❑ Verfolge ich die elaborierte anstatt die einfachste Option?
- ❑ Welchen illusorischen Nutzen verspreche ich mir von der komplexen Lösung?
- ❑ Verfolge ich eine Hidden Agenda (Karriere, Profilierung, eine Hand wäscht die andere), die die Aufgabe unnötig kompliziert?
- ❑ Schaffe ich Dynaxität anstatt Bewegung?
- ❑ Verwechsle ich Action mit Chaos, Hektik mit Dynamik?
- ❑ Schimpfe ich auf »die da oben«, anstatt meinen Teil der Verantwortung zu suchen und zu stemmen?
- ❑ Betreibe ich komplexitätstreibende Verantwortungsdiffusion?
- ❑ Mache ich den zweiten Schritt vor dem ersten?
- ❑ Mache ich zu große Schritte?
- ❑ Erwarte ich mehr von den Menschen, als sie zu leisten willens oder imstande sind?
- ❑ Ist meine Fähigkeit zur Verantwortungsübernahme kleiner als die Aufgabe erfordert?
- ❑ Versuche ich, es allen recht zu machen?

5. Der kleine Finger: Welche Sau treibe ich? (oder: Es bis zum Ende durchziehen)

Wir Manager sind offen für Neues, Innovation ist unser zweiter Vorname. Es gibt aber eine Grenze zwischen Innovation und Innovatitis. Die folgenden Fragen markieren den illegalen Grenzübertritt:

- ❑ Will ich echten Erfolg oder eine Sau durchs Dorf treiben?
- ❑ Sind alle Projekte abgeschlossen, die abschlussreif sind?
- ❑ Sind U-Boot-Projekte (tauchen alle paar Wochen auf, sind aber ansonsten inaktiv) abgeschlossen oder versenkt?
- ❑ Hält das nicht abgeschlossene Alte das verfrüht gestartete Neue auf?

- ❑ Ist das Neue einfach nur neu, aber nicht besser?
- ❑ Reagieren Beteiligte/Betroffene mit Reaktanz auf meinen neuesten Sautrieb?
- ❑ Habe ich auf »Leerlauf« geschaltet, bevor die Ziellinie erreicht ist?
- ❑ Vertraue ich wider besseres Wissen darauf, dass andere es für mich zu Ende bringen – weil das ihr Job als Lieferant oder Mitarbeiter ist?
- ❑ Renne ich neuen Buzzwords hinterher, bloß weil das Neue scheinbar attraktiver ist?
- ❑ Starte ich neue Vorhaben, ohne vorher meine und die Kapazitäten meiner Mitarbeiter berücksichtigt und neu priorisiert zu haben?
- ❑ Betreibe ich Impression oder Action Management?

Je öfter Sie auf der Suche nach Anregungen die obige Checkliste überfliegen, desto schneller können Sie diesen Test auf die dahinterliegenden zentralen Schlüsselfragen konzentrieren und reduzieren.

Der Action-Management-Bug-Test

1. Was übersehe ich?
2. Was hält mich davon ab, endlich (weiter) zu machen und wie nehme ich dieses Hindernis?
3. Ist das, was ich mache, wirklich wesentlich?
4. Geht's nicht (noch) einfacher?
5. Was ist der schnellste Weg zum Abschluss?

Alle Probleme im Management lassen sich darauf zurückführen, dass diese einfachen Fragen zu selten gestellt werden. Warum? Weil es, wie die Amerikaner sagen, Soul-Searching Questions sind. Die Fragen gehen ans Eingemachte. Das ist die eigentliche Führungskrise: Es ist in weiten Teilen des Managements schlicht zu wenig Mut vorhanden, das eigene Handeln zum Zweck des Self-Controllings infrage zu stellen. Zu wenig Mut – und zu wenig Training. Oder haben Sie jemals in einem Managementtraining wirklich Bug Testing trainiert? Eben. Für den Mut sind Sie zuständig – für das Training ich. Verschaffen wir Ihnen das passende Training. Beginnen wir mit 20 Wohnungen.

Der Case der 20 Wohnungen

Vor einiger Zeit rief mich der Geschäftsführer eines Unternehmens an: schlimmer Liquiditätsengpass. Der Auftrag: ASAP wieder flüssig werden! Der Geschäftsführer schlug massive Entlassungen vor. Was meinen Sie? Denken Sie an die fünf Finger.

Ich meinte: Erst mal an den Daumen denken und Augen auf! Warum entlassen, wenn irgendwo noch Liquiditätsreserven, Umsatz- und Kostenpotenziale versteckt sein könnten? Und richtig: Beim ersten scharfen Nachforschen fallen mir unter anderem 20 Wohnungen auf, die seit zwei Jahren in den Büchern schlummern. Der Cash, der hier gebunden ist, wäre für das Unternehmen eine Bluttransfusion. Warum wurde sie nicht längst gelegt? Weil die Mitarbeiter sie nicht sehen. Im Gegenteil.

Sie kneifen beide Augen zu und sagen: »Wir haben doch schon alles probiert!« Ich frage: »Was heißt ›alles‹?« – »Nun, wir hatten zum Beispiel vor zwei Jahren einen Tag der offenen Tür. Da kamen auch Interessenten. Hat sich aber nichts draus ergeben.«

Action Fact

Action-Blinde sehen nicht nichts. Sie sehen den Baum, ihren Baum – nicht den Wald.

Die Mitarbeiter wollen oder können nicht sehen, dass es neben dem Tag der offenen Tür noch Dutzende Optionen gibt, den Verkauf anzukurbeln. Sie sehen nicht (Daumen) und sie machen nicht (Zeigefinger). Also mache ich.

Ich fahre raus und treffe mich mit dem externen Immobilien-Manager, der das Objekt betreut. Er sagt: »Sie sind der erste Vertreter vom Auftraggeber, den ich in den letzten zwei Jahren zu Gesicht bekomme!« Warum hat sich vorher keine(r) blicken lassen? Weil man nicht *tut*, was man nicht *sieht*.

Action Fact

Gemacht wird, was gesehen wird.

»Warum sehen die das nicht?«, fragen mich entnervte Führungskräfte oft, wenn ihre Mitarbeiter »passiv« und »lustlos« sind. Der Grund ist: Wenn die Mitarbeiter *sähen,* was zu tun ist, müssten sie es auch *machen*. Also vermeiden sie a priori den Blickkontakt. Nicht *bewusst*! Selektive Wahrnehmung ist vollkommen unbewusst. Genauso unbewusst wie manchmal das Erweckungserlebnis. Ich fahre zum Beispiel von meinem Vor-Ort-Termin zurück in die Zentrale – und finde plötzlich alle hellwach vor!

Ihr Unterbewusstsein hat den Mitarbeitern inzwischen gefunkt: »Sanierer im Haus! Gefahr im Verzug!« Also werden die Blinden sehend (ein Wunder! Preiset den Herrn!) und präsentieren im Meeting eine Sales-Strategie auf Basis einer umfassenden Excel-Tabelle mit Mindestpreisen, der Preisentwicklung der letzten Jahre und Verhandlungskorridoren.

Wenigstens haben die Mitarbeiter jetzt ihren Daumen entdeckt und *sehen,* was gesehen werden muss. Sie *machen* zwar noch nicht wirklich etwas, aber das ist fast gut so. Denn das, was sie da vorschlagen – Excel-gestützter Verkauf – brauchen wir das wirklich? Das frage ich in die Runde und am schnellsten kriegt eine Jungmanagerin den Mittelfinger hoch (nicht wie Sie meinen). Noch im Meeting greift sie zum Hörer und macht, was Sinn macht. Sie ruft den Immo-Manager an und fragt, ob er in letzter Zeit vergleichbare Objekte verkauft hat. Hat er. Zu welchem Preis? *Das* ist unsere Verhandlungsbasis – und nicht die Sandkastenspiele der Excel-Tabelle. Was jetzt?

Jetzt kommt im Meeting der Einwand hoch: »Was nützt uns der aktuelle Marktpreis, wenn wir doch nicht verkaufen können? Die Wohnungen verfallen seit zwei Jahren, das Gras wuchert, es sind Fensterscheiben zersprungen …« Was tun? Ringfinger: »Mach's einfach!« Ich schlage vor: »Lasst uns ASAP die Reparaturaufträge geben!« Ein Manager wendet ein: »So schnell geht das nicht! Wir brauchen dafür erst ein Budget, dann müssen wir uns mit dem Einkauf absprechen, damit er ausschreibt und Angebote einholt.« In Gedanken frage ich mich: Und ihr wisst nicht, warum ihr demnächst illiquide seid? Wer hat euch den Ringfinger amputiert?

Laut sage ich: »Ist das die einfachste Vorgehensweise?« Und weil der Immo-Manager noch in der Leitung ist, frage ich ihn: »Was kost' uns das?« Er sagt: »Wenn ihr die Angebote bei den einzelnen Handwerkern separat einholt, 9.000 Euro. Wenn ihr uns den Generalauftrag gebt, circa 6.000 Euro.«

Ich rufe den Einkauf an: »Schafft ihr das billiger?« – »Aus dem Stand geschätzt: nein. Und vor allem nicht schneller. Macht mal – wir winken das durch.« Ich lege auf und schaue in acht offene Münder. Die Leute sind baff. Sie sind Manager. Einfach mal zu machen, wäre ihnen nie in den Sinn gekommen. Sie hätten allein zwei Wochen für Ausschreibung und Angebotsprüfung benötigt. Jetzt ist in zwei Wochen bereits der Auftrag erledigt. Das freut sie: »Damit ist die Sache vom Tisch! Nächster TOP!« Was würden Sie sagen? Böser Fehler.

Ich erkläre den Meetingteilnehmern, die Hälfte von ihnen haben einen akademischem Abschluss: »Vom Tisch? Geht's noch? Vom Tisch ist das erst, wenn die Wohnungen verkauft sind und das Geld auf dem Konto!« Bis dahin rufe ich jeden Tag den Immo-Manager an und frage, wie die Reparaturen laufen, telefoniere mit Interessenten und mache Wohnungsbegehungen. Und für solche Trivialtätigkeiten werde ich bezahlt? Das ist erstaunlich? Nein, tragisch.

Action Fact

Wer erst einmal das Gesetz des Handelns verlernt hat, braucht selbst zum Nasepopeln fremde Hilfe.

Die Psychologen nennen das erlernte Hilflosigkeit, der Volksmund »Eunuchen-Seuche«: Man(n) will, kann aber nicht mehr. Man kann nicht mal mehr die Finger einer Hand abzählen. Wenn man diese Fingerübung nur lange genug vermeidet, wird man unweigerlich zum Sanierungsfall. Unser nächstes Beispiel.

Der Case der Fünf-Finger-Sanierung

Weil der zu sanierende Betrieb ein renommiertes Traditionsunternehmen ist, finde ich an meinem ersten Arbeitstag nicht nur einen Berg Arbeit vor, sondern auch zwei Dutzend Anfragen von Redaktionen und TV-Sendern. Ich grüble: »Wen muss ich als Ersten drannehmen? Die nationalen Magazine vor den internationalen? Oder umgekehrt? Und welche Informationen darf ich überhaupt rausgeben, ohne juristische Komplikationen zu provozieren?« Ich bin im Dilemma.

Mach mal!

Wenn man im Dilemma steckt, dann sofort: Fünf Finger!

Früher hätte ich erst einmal eine halbe Stunde Interviewtermine jongliert und mit der Rechtsabteilung gesprochen. Inzwischen benutze ich in Krisen und Dilemmata sofort den Mittelfinger.

Mittelfinger-Management

Komplexe Situation? Mittelfinger antippen: »Was ist jetzt wirklich wichtig?«

Mich mit Redakteuren unterhalten? Nur dem Narzissten ist das wirklich wichtig – aber das erkennt er meist nicht, weil Narzissten in eigener Sache daumenamputiert sind und ihren Mittelfinger nur beim Autofahren brauchen. Mein Mittelfinger dagegen sagte mir: Das Wesentliche bei einer Sanierung sind nicht die Medien, sondern die Leichen im Keller.

Action Fact

Wer ohne die ersten drei Finger managt, zieht eine Krisen-Garantie.

Jede persönliche, berufliche oder unternehmerische Krise lässt sich darauf zurückführen, dass jemand nicht bis drei zählen konnte, zu lange die Augen verschlossen, zu lange gewartet und dann nicht das Wesentliche unternommen hat. So einfach ist das manchmal: Erfolg ist an den Fingern abzählbar. Das mache ich in besagtem Sanierungsfall. Ich zähle, ich beginne beim Daumen, ich mache die Augen auf und finde recht schnell ein Dutzend wesentlicher Aufgaben, die seit Monaten vernachlässigt wurden: von der A-Kunden-Betreuung (kaum Termine vereinbart) über die Auftragsakquise (kaum Kaltakquise) bis hin zum Risk-Management (einige Risikopositionen sind nicht abgesichert). Und bei der Hälfte der Aufgaben muss ich den betreffenden Mitarbeitern lediglich sagen (Zeigefinger): »Macht endlich!« Warum hat ihnen das vorher keiner gesagt? Keine Ahnung. Ich bin bloß der Sanierer. Ich weiß, *womit* die Firma gerettet werden kann. *Warum* sie saniert werden muss, bleibt mir oft ein Rätsel: Warum können einige nicht bis drei zählen?

Wobei: Ich kann das selber manchmal nicht. Ganz konkret bekomme ich bei dieser Sanierung nach zehn Tagen Arbeit die besorgte Anfrage des Betriebsrats: »Wann kommen endlich die Kündigungen?« Ich schaue ihn verständnislos an: »Welche Kündigungen?« Dann dämmert es mir: Ich habe zehn Tage lang so intensiv die To-do-Liste von »Mach endlich!« delegiert und kontrolliert, dass ich etwas Wesentliches vergessen habe: die Zukunftsängste der Mitarbeiter. Tatsächlich macht die Sanierung so viel Arbeit, dass wir zumindest in den nächsten drei Monaten jeden Mitarbeiter brauchen. Aber leider habe ich das »vergessen«, den Hauptbetroffenen mitzuteilen. Also Hausmitteilung? Bloß nicht!

Herbert Walzhofer, österreichischer Topmanager, hat mir dazu eine Mittelfinger-Variation (»Mach, was Sinn macht!«) verraten: »Jedes Schriftl is a Giftl!« Hausmitteilungen und E-Mails machen in Krisensituationen das Gegenteil von Sinn (trotzdem werden sie überwiegend benutzt). Also schreibe ich keine E-Mail, sondern mache Management by Walking Around und informiere die Leute persönlich. Dabei kann ich auch gleich ihre Fragen beantworten und ihre Sorgen zerstreuen. Ich verlasse das jeweilige Büro erst, wenn kein Mitarbeiter mehr eine Frage hat oder Falten auf der Stirn. Ich bin beim kleinen Finger angelangt: Mach zu Ende, was du machst. Sanierung mit fünf Fingern, sozusagen. Einfach. Wenn das so einfach ist, warum schaffen das dann nicht alle Manager und Mangagerinnen? Grausam, aber wahr: Weil sie nicht der Typ dafür sind. Apropos: Welcher Typ sind Sie?

Welcher Typ sind Sie?

Was haben Sie eben bei den zwei Cases gedacht? Viele denken: »Das ist aber einfach! Das mach ich doch alles längst!« Begleite ich solche Kandidaten dann per Shadow Coaching (kurz: Shadowing), stelle ich schon nach 20 Minuten ein Dutzend gravierender Verstöße gegen die fünf ehernen Prinzipien des Action Managements fest. Das ist seltsam? Nein, das ist typisch:

Der MIDE-Manager (»Mach ich doch eh'!«) …

… hat einen hypertrophen Daumen, aber einen atrophierten Zeigefinger. Er *sieht* so ziemlich alles (außer seinen Zeigefinger), aber er *macht* nur wenig davon. Das Einzige, was er wirklich *macht*, ist zu behaupten, dass er viel macht.

Wir könnten uns über diese, gemeinhin sogenannten Großmäuler lustig machen. Tun wir aber nicht. Denn das Großmaul illustriert schlagend, worauf es bei der Fünf-Finger-Methode eigentlich ankommt.

Die Typen-Gesetze des Action Managements

1. Es gibt keinen Menschen mit fünf gleich starken Fingern.
2. Jeder Mensch hat starke, schwache und manchmal leider fehlende Finger.
3. Der springende Punkt ist: What's yours?

Das ist keine Frage. Das ist eine Aufforderung:

Mach mal!

Welche sind Ihre starken, Ihre fehlenden, welche Ihre schwachen Finger? Für Fortgeschrittene: situationsbezogen?

Kennen Sie Ihre schlimmen Finger? Das wäre extrem wichtig. Ich möchte an Anthony de Mello erinnern: Wer sich seiner schlimmen Finger nicht bewusst ist, den haben sie in der Hand. Tail wags the dog! Die Hand winkt mit dem Manager! Ein Unding! Welche(r) Finger hat/haben Sie in der Hand? Identifizieren wir Ihre(n) schlimmen Finger.

Fünf Finger – Fünf Typen

Im Coaching erlebe ich immer wieder Manager, deren Vorgesetzte sie mit den Worten vorbeischicken: »Ein analytisches Genie, aber mit schwacher Erfolgsquote! Machen Sie mal was!« Das Coaching der ersten 60 Sekunden besteht dann darin, dass ich die Konjunktionen austausche: Der Kandidat hat nur schwachen Erfolg, eben *weil* er ein analytisches Genie ist. Er hat einen hypertrophen Daumen und vier atrophierte Finger.

Der Analytiker (Der Daumen-Typ)

Ein eher stiller, gewissenhafter, introvertierter Mensch mit extrem ausgeprägtem Sensorium für schwache Ansoff'sche Signale.

Was ist ein Mensch mit übergroßem Zeigefinger?

Der Treiber (Der Zeigefinger-Typ)

Einer, der immerzu bewegen, verändern, Gipfel erstürmen, Ziellinien erreichen und sich beschäftigen muss.

Wer einen untrüglichen Blick fürs Wesentliche hat, verdankt das sozusagen seinem Mittelfinger.

Der Double Looper (Der Mittelfinger-Typ) ...

... trifft meist mit dem ersten Schuss, weil er das Wesentliche, den Kern, die Essenz, den größten Hebel einer Sache sofort erkennt.

Das ist der ideale Typ? Nein – sonst hieße es das »1-Finger-Modell« oder »Management by Stinkefinger«. Ist es Ihnen noch nie aufgefallen? Jene mit untrüglichem Blick fürs Wesentliche brauchen oft recht lange, um das Wesentliche erst einmal zu identifizieren (Daumen), für das Wesentliche in die Gänge zu kommen (Zeigefinger), seine Umsetzung so einfach wie möglich zu gestalten (Ringfinger) und es dann auch bis zum Ende durchzuziehen (kleiner Finger). Deshalb ist es so wichtig, seine starken und schwachen Finger zu (er)kennen: Auch und gerade die starken Finger haben schwache Seiten!

Der Trau dich! (Der Ringfinger-Typ)

Er schreitet mutig voran, wo andere zögern und zaudern. (Diesem Typ habe ich übrigens mein zweites Buch gewidmet: *Der freche Vogel fängt den Wurm*).

Und schließlich die Führungskraft, die bei A anfängt und bei Z aufhört.

Der Gewissenhafte (Der Kleinfinger-Typ)

Er bringt zu Ende, was er oder sie anpackt. Ausnahmslos, zuverlässig, tadellos.

Wo würden Sie sich einordnen? Gleich bei mehreren Typen? Dann verstehen Sie was von Typologie: Jeder Mensch zeigt mehrere typische Verhaltensweisen. Das ist kein großes Ding. Das große Ding ist: Wann zeigen Sie welche?

Wann sind Sie wer?

Wer sind Sie? Es gibt auf diese Frage keine wahrheitsgemäße Antwort. Denn in jeder Situation sind Sie jemand anderes. Ich kenne zum Beispiel eine junge High Potential, die in Meetings keine Wurst vom Tisch zieht. Fünf Jahre lang wurde sie bei der Beförderung mit der Begründung übergangen: »Nicht tough enough fürs Business!« Bis sie der Geschäftsführer zufällig bei einer Projektpräsentation erlebte und vom Fleck weg zur obersten Kaltakquisiteurin ernannte: Sie präsentiert (dank ihrer perfekten Recherche und Analyse; Daumen!) derart fundiert und überzeugend, dass die Interessenten schon aus reiner Begeisterung unterschreiben. Hüten Sie sich also davor, einem Menschen ein Etikett anzukleben, bloß weil Sie ihn (in einer bestimmten Situation) erlebt haben. Warum machen Sie und ich das trotzdem immer wieder? Das liegt am General Attribution Error.

General Attribution Error

Die sogenannte generelle Fehlattribution: Menschen ordnen das Verhalten anderer Menschen automatisch und unreflektiert deren Charakter, nicht der Situation zu.

Das ist ein Rezept, es sich todsicher mit dem Fehleingeschätzten zu verscherzen und Riesentalente zu verkennen. Gleichzeitig ist es ein Karriere-Killer:

Mach mal!

In welchem Kontext zeigt sich Ihr stärkster Finger nicht nur am stärksten, sondern am konkurrenzlos stärksten? Das ist Ihr Karriere- und Erfolgstreiber Nummer 1!

Die meisten Menschen entwickeln ihre größte Stärke wo? Richtig: beim Hobby! Die Katastrophe? Nein. Nicht, wenn man das erkennt. Dann kann man sich auch im Beruf hobby-ähnliche Jobs oder Tätigkeiten suchen. Leider machen es die meisten umgekehrt.

Mach mal!

Die meisten Menschen versuchen, sich ihrem Job anzupassen. Das funktioniert (der Mensch ist anpassungsfähig). Es macht aber weder nachhaltig noch überdurchschnittlich erfolgreich oder glücklich. Gehen Sie den umgekehrten Weg: Passen Sie Ihren Job Ihren starken Fingern an!

Kein Job »passt« – aber jeder lässt sich passend machen. Typisch ist der Spitzenverkäufer, der zum Verkaufsleiter aufsteigt, aber trotzdem weiterhin an vier von fünf Wochentagen seine Stammkunden besucht – weil das eben seiner größten Stärke entspricht: Zeigefinger. Trotzdem stolpert er nicht über seinen Mittelfinger: Denn das für seinen Job Wesentliche, »den ganzen Admin-Kram«, wie er sagt, macht sein Adjutant. Was lernen wir daraus? Das wichtigste Prinzip des Action Managements: die Komplettierung.

Wie komplett sind Sie?

Über die besten Fußballspieler der Welt wird gesagt, sie seien »komplette Spieler«. Das heißt: Die können alles. Dribbeln, schießen, passen, kombinieren, hinten aushelfen, Mittelfeld dirigieren, Elfer verwandeln, Tore schießen. Eine ganze Menge, was ein Fußballspieler können muss, will er zur Spitze gehören. Beim Manager sind es »nur« fünf Dinge. Die Implikationen dessen jedoch sind enorm:

Die Kompensationsprinzipien des Action Managements

Der beste Manager ist der komplette Manager.

Je kompletter er ist, desto besser ist er.

Wer fünf starke Finger hat, hat eine schlagkräftige Faust.

Wer noch nicht so erfolgreich ist wie gewünscht, sollte nicht auf Umstände oder Märkte schimpfen, sondern lieber seine(n) schwachen Finger identifizieren …

… und kompensieren.

Kompensation A: Schwache Finger trainieren.

Kompensation B: Finger organisatorisch kompensieren.

Das Verhältnis A : B ist entscheidend.

Ganz ehrlich: Ich bin auch nicht komplett. Es gibt tatsächlich Dinge, die ich nicht perfekt beherrsche (wer hätte das gedacht!). Früher habe ich Trainings besucht und Bücher gewälzt, um meine schwachen Finger zu trainieren. Das funktionierte auch tadellos. Aber es kostete Zeit und Mühe und selbst ein gut trainierter schwacher Finger erreicht nicht die Spitzenklasse jener Menschen, deren Finger praktisch von Geburt an Champions-League-Format haben. Also korrigierte ich mein Verhältnis aus Trainingskompensation zu Organisationskompensation von 80:20 auf 20:80. Ich mache immer noch fleißig Expander-Übungen mit meinen schwachen Fingern (zu 20 Prozent). Aber ich hole mir zu 80 Prozent jene »Spitzenfinger« ins Team, die ich für Spitzenleistung brauche. Ich kenne einen Geschäftsführer, der beherrscht das auch tadellos.

Der komplette Manager

Dieser Geschäftsführer hat einen ungeheuer starken Mittelfinger. Er macht nie Hektik. Wenn er etwas macht, ist es das Richtige: das Wesentliche. Aber: »Ich brauche oft zu lange, um auf das Wesentliche zu kommen!« Also hat er bereits vor Jahren nicht (nur) seine analytische Kompetenz trainiert, sondern organisatorisch kompensiert. Er hat sich ein analytisches Genie als Assistenten der Geschäftsleitung frisch von der Uni geholt. Dafür ist sein Zeigefinger wieder stark genug, um bei ausreichender Datenlage sofort tätig zu werden. Und einen Blick für die einfache Durchführung hat er auch (Ringfinger). Aber dann hapert es beim Follow-through (kleiner Finger): »Ich habe einfach nicht den Nerv, tagein, tagaus am selben Projekt dranzubleiben. Ist mir zu langweilig.« Also sorgt er dafür, dass in jedem Projektteam, bei jeder Aufgabe mindestens ein Teammitglied oder Mitarbeiter mit ganz starkem kleinem Finger dabei ist. Das ist Team-Management, das ist Vernetzung. Das ist modernes Supply-Chain-Management mit fünf Fingern. Das ist das Gegenteil dessen, was schwache Manager machen.

Schwache Manager betrachten ihren Job als Favoritenfinger-Orgie. Wir kennen sie alle: Die Analytiker, die so leidenschaftlich gerne analysieren, dass sie ihr Team paralysieren. Die Macher, die 24/7 atemlos machen – aber selten das, was wirklich gemacht werden muss. Die Sinnsucher, die so sehr auf das ewig Gültige fixiert sind, dass sie die nötigen Trivialaufgaben des Alltags vergessen. Die Aristokraten der Arbeit, die es sich so einfach machen, dass es nicht mehr einfach, sondern nur noch bequem ist. Und jene, die so konsequent am einmal

Begonnenen festkleben, dass sie ständig dutzendweise tote Pferde reiten. Es ist wie Georg Christoph Lichtenberg meinte:

Das Lichtenberg'sche Gesetz:

Wer nur einen Finger kann, kann auch den nicht richtig.

Monodigitalitis (Einfingrigkeit) ruiniert auf Dauer alles. Warum ist das dann der beliebteste Sport unter Managern? Ein-Finger-Management? Weil diese Ein-Finger-Akrobaten

- ... genau deshalb Manager wurden: um ihrem Ein-Finger-Laster aus einer Machtposition ungestört frönen zu können;
- ... zu trainingsfaul und von sich selbst eingenommen sind, um ihre schwachen Finger zu trainieren.
- ... sich nicht organisatorisch komplettieren wollen, weil sie jeden Mitarbeiter oder Experten mit starken Fingern nicht als sinnvolle Ergänzung ihres eigenen Skill-Profils, sondern als Konkurrenz und Kronprinz missverstehen.

Der Action Manager ist frei von solchen Skrupeln. Er (er)kennt seine starken wie seine schwachen Finger. Er trainiert und komplettiert sich. Das macht ihn stark, wertvoll und überlegen – und nebenbei glücklich und erfolgreich. Ich wünsche es Ihnen.

Der Frust der Führungskräfte

»Ich gestalte lieber selbst, als dass man mich gestaltet!«

»Dem Action Manager tut es körperlich weh, wenn ein System nicht funktioniert, ein Kunde schlecht behandelt wird, Prozesse am beabsichtigten Ergebnis vorbeilaufen.«

»Unser Vorstand Dirk Wiedenmann ist so ein Action Manager. Sein Credo: Wenn die anderen an der Kreuzung stehen und mit dem Stadtplan rumhampeln, biegen wir erst mal links ab. Stellen wir nach hundert Metern fest, dass die Richtung falsch ist, drehen wir eben um und rauschen an den anderen vorbei, die immer noch an der Kreuzung stehen und diskutieren.«

»Es gibt sicherlich einige Personen in meinem Umfeld, die gerne etwas bewegen möchten und das auch nach Kräften versuchen. Allerdings gelingt das den wenigsten, weil vor allem firmenpolitische Gegebenheiten und persönliche Ängste und Bequemlichkeiten innerhalb des Managements das nicht zulassen.«

»Anerkennung? Für Action Manager? Da heutzutage viele Menschen ihren Beruf lediglich ›ausüben‹ im Gegensatz zu ›leben‹, gilt ein ›Macher‹ eher als nervig, anstrengend und übermotiviert. Nur diejenigen, die mit Freude und vollem Einsatz ihren Job ausüben und hinter dem Unternehmen stehen, wissen diesen Einsatz zu würdigen.«

»Woran ich Luschen erkenne? Ganz einfach: hundert Listen, hundert Projekte, hundert geniale Konzepte – aber kein Ergebnis.«

»Offene Anerkennung bekommt man nur ganz selten. Deshalb zähle ich auch Neid und unsinnige Einwände als Anerkennung: Beides muss man sich hart erarbeiten!«

Motiviert bis in die Haarspitzen!

»Nicht weil ich besonders stark, ausdauernd oder kühn wäre, bin ich erfolgreich. Ich mache mir mein Tun zuerst sinnvoll.«

Reinhold Messner in seinem Buch »Berge versetzen«

Die brennendste Frage des 21. Jahrhunderts

Raten Sie mal, was immer noch die am häufigsten gestellte Frage in Führungsseminaren (unterhalb der Vorstandsebene) ist. Ist es zu fassen?

Es ist die Frage: »Wie kann ich meine Mitarbeiter besser motivieren?« Es wurden gefühlt fünf Millionen Bücher dazu geschrieben und gekauft und Tausende Seminare dazu gehalten und es ist immer noch nicht klar? Nein. In den Seminaren häufen sich die Fragen: Warum sind viele meiner Leute so passiv? Was muss ich tun, damit die endlich den Hintern hochkriegen? Welche Anreize muss ich setzen? Kann man Mitarbeiter überhaupt motivieren? Nein.

Eben weil Motivation so total konfus und frustrierend ist, kommen viele Führungskräfte zu diesem Schluss. Immer wieder sagen mir Manager: »Mitarbeiter kann man nicht von außen motivieren – deshalb lass ich's!« Das ist nicht Management. Das ist das Gegenteil. Das ist Defätismus: No action, no satisfaction. Die besten Manager machen es anders. Die besten Manager sind wie 17-Jährige, die scharf auf den Führerschein sind: »Hat es Räder? Dann kann ich es fahren!« Ist es passiv und mies drauf? Dann kann ich es motivieren! Können Sie?

Action Fact

Natürlich kann man Menschen nicht (nachhaltig!) dirigistisch motivieren (»Reißt euch mal am Riemen!«) oder extrinsisch manipulieren (»Schau mal, das schöne Incentive!«). Aber man kann sehr wohl, sehr gut und sehr nachhaltig die Bremsen der intrinsischen Motivation lösen.

Das ist paradoxerweise das Einzige, was wirksam und nachhaltig motiviert. Warum wird das nicht gemacht? Eben drum. Weil man dafür etwas *machen* müsste. Leider meinen viele, für die Motivation müsse man lediglich ein paar lockere Sprüche absetzen und fette Boni oder Incentives ausloben. Also nicht wirklich »etwas machen«, sondern sich in Pseudotätigkeiten flüchten. Der Action Manager weiß es besser. Er macht. Deshalb motiviert er. *Was* macht er?

Augen auf: Wo sitzt der Frust?

Das Erste, was Action Manager bei der Motivation by Action machen, ist nicht »motivierende« Sprüche auszuschwitzen oder mit Boni um sich zu werfen, wie der Clown auf dem Umzugswagen beim Kölner Karneval mit »Kamelle« um sich wirft. Das Erste, was Action Manager machen, ist: die Augen auf (Daumen) und fragen. Nicht: Was ist das beste Incentive? Sondern: Was, zum Henker, bremst meine Leute aus?

Mach mal!

Wer fragt, motiviert. Der Action Manager fragt als Erstes: Wo tut's weh? Wo sitzt der Frust?

Auch Andrej Wagner fragt. Er ist Leiter der Vorentwicklung bei einem Automobilzulieferer. Als wir uns vor einiger Zeit trafen, präsentierte er stolz einen »revolutionären« Gewindebolzen: »Die beste Lösung, die es derzeit gibt«, sagte er traurig. Ich verstand nicht. Er erklärte: »Selbst die genialste Innovation nutzt nichts, wenn sie der Kunde – aus welchen Gründen auch immer – nicht kauft. Deshalb sieht niemand, wie gut wir sind. Wir sind praktisch unsichtbar. Im ganzen Unternehmen weiß keiner so recht, was wir hier machen! Das reißt selbst den besten Mitarbeiter irgendwann total runter – egal, wie sehr ich den Leuten auch Mut mache!« Das ist typisch.

Das Motivationsparadoxon

Motivieren motiviert nicht. Frustfaktoren eliminieren motiviert.

Warum wird das nicht gemacht? Weil die Motivationsversuche in westlichen Breitengraden wenig Sinn machen. Was macht mehr Sinn?

Was Sinn macht: Kill den GroFF!

Da fehlt ein Finger? »Sinn machen« ist bereits der Mittelfinger? Gut erkannt. Sie sind mit der Lektüre fortgeschritten, also befinden Sie sich mittlerweile in einem Kapitel für Fortgeschrittene: Ein Karajan spielt keine Tonleitern. Er rekombiniert die Töne in freier Folge. So macht der Profi das auch mit der Fünf-Finger-Methode.

Als Andrej den Großen Frustfaktor (den GroFF) identifiziert hatte, ergab sich der Sinn seines Handelns praktisch von selbst: Wenn geniale Vorentwickler im Wesentlichen deshalb frustriert sind, weil niemand sieht, wie genial sie sind, brauchen sie sinnfälligerweise keine Boni, sondern Publikumsapplaus. Ganz einfach. *Sinn* ist immer einfach. Andrejs Abteilung braucht Applaus. Wie würden Sie dafür sorgen? Andrej veranstaltete kurzerhand eine Hausmesse. In der Kantine.

Jeder aus der Belegschaft, der zum Essen wollte, musste an den Exponaten vorbei. Vor jedem Exponat standen Vorentwickler im Laborkittel. Was machten die da? Die Exponate erklären? Ja, auch. Aber vor allem das Feedback der Belegschaft abholen: »Das habt ihr entwickelt? Das ist ja super!«, »Das hätt' ich gerne in meinem Auto. Wo kann ich das kaufen?«, »Wow, das hat ja nicht mal der Daimler vom Chef!« Spüren Sie was? Und Sie arbeiten noch nicht mal in diesem Unternehmen! Dieser Publikumsapplaus geht runter wie Öl. Das motiviert hundertmal stärker als jede »Motivationsrede« eines Vorgesetzten (und auch als Boni – aber sagen Sie das nicht Ihrem Chef, sonst streicht er die). Was haben wir vergessen? Richtig: kleiner Finger, Nachhaltigkeit. Andrej tüftelt bereits an der nächsten Visibility Show. Denn »fertig« ist Motivation nie.

Was Niki Lauda übersah

Das Augen-auf-Prinzip bei der Motivation funktioniert übrigens nicht nur im Negativen, sondern auch im Positiven.

> **Mach mal!**
>
> Nehmen Sie beides ins Visier: den **G**ro**ß**en **F**rust**f**aktor (GroFF) und den **G**roßen **I**mpliziten **M**otivator (GIM).

Sie können davon ausgehen, dass jeder Mensch von zwei mächtigen Kräften getrieben wird. Nein, nicht Gut und Böse – wir sind nicht in Hollywood. Sondern: GroFF und GIM. Viele Manager sind daumenschwach und sehen den GroFF nicht. Niki Lauda übersah den GIM – mit fatalen Folgen.

Ich erlebte den dreifachen Formel-1-Weltmeister bei einem Vortrag. Ich weiß nicht mehr, wie er auf das Thema kam, aber irgendwann sagte Lauda: »Wissen Sie, was der größte Fehler meines Lebens war?« Wir waren baff. Was kann ein dreimaliger Weltmeister und erfolgreicher Business-Mann schon für »große« Fehler begangen haben? Meinte er etwa seinen Unfall? Er erlöste uns und sagte: »Der größte Fehler meines Lebens war, dass ich meine Fluglinie an die Austrian Airlines verkauft habe.« Weil der Verkauf seinem Unternehmen nicht guttat? Ach was! Weil danach der GIM futsch war! Die Motivation seiner Mitarbeiter ging in den Keller.

Vor dem Verkauf wollten alle Lauda-Mitarbeiter es besser machen als der große Gegner. David gegen Goliath – was für eine gigantische Motivation! Und dann verkauft Niki Lauda den Laden an eben diesen Goliath. Nach dem Verkauf war die ganze Competitiveness seiner Leute weg. Sie hatten niemanden mehr, mit dem sie um die Wette laufen konnten. Lauda hatte den Hauptmotivator seiner Leute »übersehen«. Er raubte ihnen buchstäblich den Sinn ihres Mitarbeiterlebens. Was ist der GIM Ihrer Abteilung? Wissen Sie nicht? Daumen hoch und Augen auf!

Motivier endlich!

Warum schwingen so viele Menschen Reden, wenn sie motivieren wollen? Merken sie nicht, dass man davon nicht motivierter wird, sondern einschläft? Nein. Das liegt daran, dass sie bei der Motivation den Zeigefinger vergessen: Machen motiviert. Nur wenige Manager wissen das. Einen von ihnen habe ich in jungen Jahren erlebt.

Da wurde in unserem Unternehmen diskutiert: Wer soll Slowenien übernehmen? Die Weisen berieten und verkündeten: Der Schuster soll das machen! Ich hatte einen Adrenalin-Flash wie bei einem Raketenstart. Drei Tage vor meiner Abreise sollte ich mich beim Gottobersten vorstellen, um offiziell meine Entsendung zu erhalten. Ich verschlang jeden Almanach zu Land und Leuten, lernte alle Zahlen unserer Landestochter auswendig bis hinunter zum Bestand an Kopierpapier im Büromateriallager. Ich erwartete das ultimative Grilling mit durchaus möglichem Flame-out in letzter Minute, aber auf jeden Fall: die große Motivationsrede. Dann kam der große Tag.

Mein Chef führt mich ins Vorzimmer vom Boss, wir begrüßen ehrerbietig die Hüterin des Allerheiligsten, da geht überraschend die Tür auf, der Big Boss stürmt herein, die Sekretärin erhebt sich, mein Chef steht stramm, mein Puls macht den Kickdown, ein Blick wie der Landescheinwerfer eines Jumbo Jets fixiert mich und der Big Boss fragt: »Sie sind der Schuster?« Ich bin ziemlich froh, dass ich ein Nicken zustande bringe. Er fragt weiter: »Sie gehen nach Slowenien?« Jetzt schaffe ich sogar ein zartes »Ja«. Er fragt: »Trauen Sie sich das zu?« – »Absolut, ich bin top vorbereitet!« Ich denke noch: Gleich hebt er mit seiner Rede an und sagt, wie wichtig Slowenien für die Strategie des Unternehmens ist, dass ich das auf keinen Fall versemmeln darf, was für große Erwartungen er in mich setzt. Nichts davon sagt der Big Boss. Er sagt gar nichts. Er macht.

Eine Hand wie von einem kanadischen Lumberjack schießt vor, pumpt meine und das Einzige, was er sagt, ist: »Na dann: Alles Gute und viel Erfolg!« Und weg war er. Ich fühlte mich noch Wochen danach wie einer der Klitschkos auf Speed: unbesiegbar. Der Big Boss hätte das auch anders machen können. Er hätte mich »motivieren« können.

Er hätte zehn Minuten lang meine Qualifikationen prüfen können – motiviert hätte mich das nicht sonderlich. Er hätte die übliche »Auf zu neuen Ufern«-Rede halten können: dito. Und im Grunde wäre beides völlig unnötig gewesen: Dass ich qualifiziert war, hatten seine Topmanager bereits geprüft und die Ufer-Rede hatte ich schon dutzendfach von anderen gehört. Also war sein »Traust du dich? Dann mach's!« die kürzestmögliche und damit wirkungsvollste Motivation in dieser Situation. Kurz, knapp und auf den Punkt – und welches Vertrauen da mitschwang! Er quizzte mich nicht, er triezte mich nicht, er sagte einfach: »Dann mach!« Ich habe mir einen ausgerissen für den Mann. Ich wollte sein Vertrauen auf keinen Fall enttäuschen. Das war meine Motivation.

Mach mal!

Für die Motivation (wie für jede wirksame Kommunikation) gilt: Halt keine Maulaffen feil – mach einfach! Oft, kurz und schnell.

Überleg nicht lange! Mach endlich! Motivier! Wer in drei Sätzen keine Frustbremse lösen und den GIM ansprechen kann, schafft es auch nicht mit 30 Sätzen. Wie schafft man so kurze Impulse? Mit dem Mittelfinger.

Motivier mit Sinn!

Wie wichtig der Mittelfinger für die Motivation ist, wissen alle Spitzenleute (s. Eingangszitat von Reinhold Messner). Auch die Managerin, die neulich klagte: »Bei uns läuft es so gut – wir haben ein Motivationsproblem!« Zuerst musste ich lachen, dann verstand ich:

Action Fact

Business as usual kills motivation!

Wenn das Tagesgeschäft zu lange zu gut läuft, wenn man es »voll im Griff« hat – dann wird man lustlos. Weil das Alltägliche sinnlos geworden ist. Natürlich ist der Alltagskram nötig und nützlich. Aber wenn Sahnetorte Ihr Lieblingsdessert ist und Sie jeden Tag fünf Stück davon verputzen, würgt es Sie nach einer Woche schon beim bloßen Anblick einer Torte.

Als ich das mit der oben zitierten Managerin besprach, überlegte sie eine Weile, tippte an ihren Mittelfinger und sagte: »Wenn man etwas gut kann, ist das irgendwann kein Erfolg mehr. Aber Erfolg braucht man zum Leben, das gibt ihm Sinn. Also bringe ich den Sinn wieder rein in unser Leben!«

Fortan benutzte sie die Montagmorgenbesprechung nicht mehr nur »für das Übliche«, fürs »Was steht an? Wer macht was?« Vielmehr verabschiedete sie »Meilensteine« für die Woche. Sie sagt: »Das kenne ich aus dem Projektmanagement. Da arbeiten die meisten im Team motiviert auf den nächsten Meilenstein hin!« Also führte sie auch welche fürs Tagesgeschäft ein – und machte freitags eine zweite Wochensitzung. Schon nach der ersten Freitagssitzung waren alle begeistert. Denn ein Mitarbeiter nach dem anderen sagte: »Wir hatten Montag für diese Angelegenheit 80 anvisiert – aber ich habe bis heute 120 geschafft!« Spontaner Applaus, die Managerin hebt den Daumen, alle sind top motiviert – so sehr, dass die Managerin manchmal schon donnerstags grinsende Mitarbeiter antrifft.

Wenn sie nach dem Grund für das Grinsen fragt, antworten die Mitarbeiter: »Wir hatten bis Freitag fünf Meilensteine anvisiert. Die haben wir alle erreicht – und das Tagesgeschäft ist auch erledigt. Was sagen Sie nun?« Sie sagt dann gelegentlich: »Dann packt zusammen und geht nach Hause!« Der Personalchef hat regelmäßig einen Anfall: »Das können Sie doch nicht einfach so machen! Unsere Zeitkonten!« Was hat der Personalchef nicht kapiert? Das verräterische Wort ist ihm selber durchgerutscht. Er sieht es nicht, weil sein Daumen atrophiert ist. Sehen Sie's? Richtig: »einfach«!

Motivier einfach!

Hausmesse veranstalten statt Boni ausloben, einen Mitarbeiter per Händedruck ins Ausland entsenden, statt lange »Motivationsreden« zu halten, Meilensteine für den Alltag einführen, die Leute donnerstags einfach mal nach Hause schicken – Sie haben es sicher bemerkt:

> **Mach mal!**
>
> Der Action Manager motiviert nicht mit schlauen Sprüchen oder Incentives, sondern vor allem mit Taten. Action eben.

Er redet nicht, er »motiviert« nicht, er macht einfach (Ringfinger). Und er macht's *einfach*. Vertiefen wir das am Beispiel.

Zwei Sparten, zwei Verkaufsleiter, vergleichbare Produkte und Verkaufsgebiete. Hans, der eine Verkaufsleiter, stöhnt: »Ich arbeite praktisch rund um die Uhr, weil ich neben meiner Arbeit als Verkaufsleiter auch noch meine A-Kunden betreuen muss. Viele Kunden wollen eben vom Chef beraten werden. Die wären nicht sehr motiviert, wenn da plötzlich ein ›normaler‹ Verkäufer auftaucht. Einmal ganz davon abgesehen, dass meine Verkäufer dafür auch nicht sonderlich motiviert sind – die trauen sich nicht ran an die Zwölfender.« Also arbeitet er 60 Stunden die Woche und mehr. Wie lange bringt er bei dieser Ochsentour noch Spitzenleistung? Wie lange kann und will er sich unmotivierte Kunden und Mitarbeiter noch leisten?

Sein Kollege von der anderen Sparte, Andreas, fädelt das anders ein. Er nimmt für das Erstgespräch mit einem A-Kunden immer einen Verkäufer mit. Der führt beim ersten Treffen das Protokoll. Beim zweiten Gespräch übernimmt er das Eingangsstatement oder die technische Abwicklung. Beim dritten sitzt Andreas nur noch da – und führt seinerseits das Protokoll. Nach dem vierten schaut er lediglich noch das Protokoll an und ist gar nicht mehr dabei. Die Zwölfender machen das mit?

Ja, und zwar hoch motiviert. Denn im ersten Gespräch sagt Andreas zum A-Kunden: »Das ist der Herr … Dem zeigen wir in den nächsten Gesprächen mal, wie wir das optimal haben wollen. Danach kenne ich keinen Besseren, der sich um Ihre Angelegenheiten kümmern könnte. Und ich bin immer im Hintergrund dabei.« Und die Mitarbeiter? Die trauen sich nun plötzlich an die Zwölfender ran! Eine Verkäuferin sagt: »Wenn du so super vom Chef eingeführt wirst, dann ist das null problemo. Und wie geil ist das denn!« Denn die Zwölfender sind alles Unternehmer, Topmanager, Rechtsanwälte, Ärzte – die kriegt ein »normaler« Verkäufer sonst nie zu Gesicht. Das motiviert. Notabene: Nicht das, was Andreas *gesagt* hat, sondern das, was er *gemacht* hat.

Mach mal!

»Mach's einfach!« heißt für die Motivation: Lass einfach deine Leute machen! Nämlich auch die tollen Aufgaben und Projekte.

Natürlich nach entsprechender Vorbereitung und Einarbeitung. Damit dürfte klar sein, warum an diesem supertrivialen Rezept viele Führungskräfte scheitern: Der Passivmanager

- … hat »keine Zeit«, seine Leute einzuarbeiten und zu coachen. Er hat sie nicht? Er nimmt sie sich nicht;
- … hat keine Lust, seine Leute zu entwickeln, weil er Angst hat, sich damit Kronprinzen heranzuziehen;
- … hat kein Talent für Personalentwicklung, weil er das nicht zu seinem Anforderungsprofil zählt;
- … gönnt seinen Mitarbeitern die Sahnestücke nicht, die er zur »Chefsache« erklärt und sich lieber den Magen daran verdirbt, als auch nur eines abzugeben;
- … hält sich für was Besseres und missbraucht die »Chefaufgaben« als Statussymbole.

»Wie motiviere ich meine Mitarbeiter?« sollte für solche Kandidaten übersetzt werden mit: »Wie motiviere ich meine Mitarbeiter, nachdem ich sie vorher eigenhändig demotiviert habe?« Die Antwort lautet darauf natürlich: Gar nicht. Nicht möglich. Und weil das im Management ein Unwort ist, übersetzt man das: »Mit Boni, Incentives und schönen Reden!« Wer fällt heutzutage noch auf so was rein?

Mach fertig: Fertig jammern!

Ist das nicht toll? Die Fünf-Finger-Motivation wirkt umso besser, je frustrierter, passiver und demotivierter Mitarbeiter (Beziehungspartner, Kinder, Eltern, Kunden, Vorgesetzte …) sind. Betrachten wir dazu eine Abteilung in einem internationalen Konzern. Die Katastrophe: 90 Prozent der Mitarbeiter sind total passiv.

Egal, was der Abteilungsleiter auch versucht, er erntet damit immer nur: »Ach, das bringt doch nichts. Früher war eben alles besser, unsere Preise sind viel zu hoch, die Konkurrenz hängt uns bei der Qualität ab ...« Der Abteilungsleiter sagt: »Die Leute jammern praktisch pausenlos!« Alle paar Wochen versucht er es mit einem »Motivationsseminar« oder einem Pep Talk: »Leute! So schlimm ist das doch alles nicht! Es gibt doch auch viel Gutes!« Vergeblich. Nach zwei Jahren muss er gehen, weil die fehlende Motivation natürlich auch die Leistung runterreißt.

Seine Nachfolgerin ist nicht wirklich erfolgreicher. Höchstens in einem Aspekt: Sie »darf« schon nach 15 Monaten gehen. Es kommt der dritte Abteilungsleiter in zwei Jahren. Er packt das Problem anders an. Mit dem kleinen Finger.

Drei Wochen nach seiner Ernennung ruft er alle Mitarbeiter für einen halben Tag zusammen – zu einem einzigen Zweck: »Die Leute sollen sich ordentlich austoben. Bis fertig geschimpft ist!« Wie das phönizische Sprichwort sagt: »Das Jammern ist die Begrüßung der Kaufleute.« Der Abteilungsleiter fängt selber damit an. Er schimpft zehn Minuten wie ein Kesselflicker über alle Missstände in der Abteilung. Was für ein Hallo unter den Mitarbeitern! Die sind aber so was von angetan (sprich: motiviert) vom neuen Chef. Und machen begeistert mit. Im wissenschaftlichen Sprachgebrauch der Personalentwicklung heißt diese Methode: »Auskotzen«. Das macht Sinn.

Denn wie jeder Kybernetiker weiß: Prozesse autonomer Systeme kann man nicht unterbrechen. Werden sie vor Erreichen des Prozessziels unterbrochen, setzen sie einfach wieder von vorn an: Jammerzirkel sind die einzige funktionierende Manifestation des Perpetuum mobile. Die könnten ewig jammern – wenn und weil sie eben ständig unterbrochen werden. Also unterbricht der neue Abteilungsleiter die Unterbrechung und lässt den Jammerprozess sich erst einmal totlaufen. Unter kontrollierten Bedingungen (offen, moderiert, blamage- und sanktionsfrei und in seiner Anwesenheit). Zwei geschlagene Stunden lang toben sich die Leute aus. Danach sind die Mitarbeiter fertig. In beiderlei Hinsicht.

Es fällt ihnen nichts mehr ein, worüber sie sich beschweren könnten. Und: Sie sind erschöpft, fertig, erledigt. Eben: ausgekotzt. Nachdem sich erschöpftes Schweigen im Saal ausbreitet, fragt der Abteilungsleiter: »Und was fangen wir jetzt mit dem ganzen Mist an?« Plötzlich kommen die Antworten!

Aber diese Frage haben doch auch schon seine zwei Vorgänger gestellt! Richtig – bloß zur Unzeit. Der Jammerprozess war noch nicht abgeschlossen. Das ist der generelle Fehler, den Amateurmotivateure begehen.

Mach mal!

Wenn Menschen demotiviert sind: Erst mal fertig jammern lassen! Und dabei kräftig mitmachen!

Wenn das so einfach ist, warum schaffen das dann nur so wenige? Weil Passivmanager das nicht aushalten. Sie leiden unter dem Firefighter-Reflex: Da brennt was? Löschen! Sie kennen keine therapeutischen, kathartischen Feuer. Warum nicht? Weil das Mentalhygiene-Instrument ihrer Wahl die Verdrängung ist. Weil sie diese Verdrängung nicht nur auf eigene, sondern auch auf fremde Emotionen anwenden. Und weil sie sich von Emotionen anderer bedroht fühlen. Merke: Wer selber Angst hat, also das Gegenteil von motiviert, kann auch andere nicht motivieren.

Woran erkennt man die besten Manager?

Natürlich: am Erfolg! Hm, aber was ist mit dem Blödmann, der über den Goldklumpen stolpert? Der hat Erfolg, ist aber nicht wirklich gut.

Action Fact

Wer ist der beste Manager? Fragen Sie nicht Manager, fragen Sie Headhunter.

Die wissen das besser als Manager, weil davon ihr Job und Bonus abhängen! Vor Jahren kritisierte ich mal einen Headhunter für die Besetzung eines Vorstandspostens. Worauf der Headhunter verschmitzt bemerkte: »Sie sehen nur diesen Vorstand. Ich aber sehe auch die früheren Mitarbeiter dieses Vorstands. Wo sind diese heute? Alle in leitender Position: Abteilungs-, Bereichs- oder sogar Geschäftsleitung. Und wo sind die ehemaligen Mitarbeiter der anderen Bewerber um den Vorstandsposten?« Bei mir fiel ein ganzer Klingelbeutel Groschen.

Dass ein Manager managen kann, setzt man bei der Besetzung höherer Positionen voraus. Aber kann er auch führen? Das heißt: Kann er seine Mitarbeiter zu Höherem motivieren, coachen und entwickeln? Sein Team? Seine Abteilung? Sein Unternehmen? Das sieht man von außen am deutlichsten an der Karriere seiner ehemaligen Untergebenen. Es gibt Chefs, die sind wahre 1-Mann-Kaderschmieden! Die sind die Urväter eines ganzen Stammbaums exzellenter Top-Führungskräfte! Die tun mehr fürs Management Development als die meisten Business Schools! Was meinen Sie, in welchem Glanz sich solche Gründerväter überdauernder Management-Dynastien sonnen? Das ist ein Glanz, der wärmer wärmt als tausend Sonnen.

Das Action-Motivation-System

Die Finger Ihrer Hand folgen nur in der Anatomie einer bestimmten Reihenfolge. Im Management dagegen rekombiniert der Action Manager die Fingerfolge für optimalen Erfolg.

Mach mal!

Für exzellente Motivation hat sich die 5-1-3-2-4-Strategie bewährt.

Nein, das ist nicht meine Telefonnummer, sondern die Abfolge der einzelnen Finger.

Kleinfinger-Motivation

Lassen Sie Menschen, die demotiviert sind, doch erst mal fertig klagen!

Allein, dass Sie sie dort abholen, wo sie sowieso stehen (hüfthoch im Mist), dass Sie sie in ihrem Leid pacen (Pacing & Leading, so sagt das Neurolinguistische Programmieren dazu), dass Sie ihre Befindlichkeit validieren (so sagt die Psychologie dazu), dass Sie ihnen Verständnis für ihre (subjektive!) Not zeigen – allein das motiviert schon extrem. Genauso extrem wie gut gemeinte Sprüche *de*motivieren: »Aber das ist doch alles nicht so schlimm!« Wie? Ich dreh hier fast durch und dieses arrogante A… will mir einreden, dass ich dazu keinen Grund habe? So etwas frustriert ultimativ. Ein verständnisloser Vorgesetzter ist ein Frustfaktor erster Güte.

Daumen-Motivation

Erkennen Sie den Großen Frustfaktor (GroFF) und den Größten Impliziten Motivator (GIM) eines Menschen – und Sie haben Brems- und Gaspedal der Motivation unter Ihren Füßen.

Leider schaffen das viele nicht, weil Mitarbeiter, Kunden und deshalb oft auch Familienmitglieder für sie lediglich Positionen auf einem Excel-Sheet sind. Das ist verständlich – jedoch kann man, wenn man mit Blindheit für die Anliegen der Menschen geschlagen ist, nicht motivieren.

Mittelfinger-Motivation

Eliminieren Sie den GroFF und füttern Sie den GIM!

Beginnen Sie mit dem GroFF. Es ist wichtiger, die Bremsen zu lösen, als Gas zu geben. Wenn die Handbremse nicht gelöst ist, produziere ich mit einem Kickdown nur heiße Luft und qualmende Reifen.

Zeigefinger-Motivation

»Motivationsrede« ist ein Widerspruch in sich: viel zu lang, viel zu viel. Motivation heißt machen (s. o., GroFF und GIM), nicht reden. Wenn schon reden, dann so schnell und so kurz wie möglich: in drei, nicht in dreißig Sätzen.

Ich bekomme immer wieder Anfragen für »Motivationsseminare«. Inzwischen ahnen Sie, was ich davon halte. Meist werden sie von Managern angefragt, die selbst ein GroFF sind und das wegen Daumenblindheit nicht bemerken. Dann bekommt der anfragende Manager ein augenöffnendes Coaching und seine demotivierten Mitarbeiter? Ringfinger-Motivation.

Ringfinger-Motivation

Sie möchten, dass Ihre Mitarbeiter (Kunden, Kinder, Vorgesetzte …) eine Sache motiviert anpacken? Dann motivieren Sie sie nicht, sondern machen Sie diese Sache auf motivierende Weise mit ihnen zusammen.

Das heißt: Begleiten und beraten Sie die zu Motivierenden – oder lassen Sie sie begleiten – und lassen Sie sie die Früchte ihres Erfolgs genießen. Machen (lassen) motiviert stärker als Reden schwingen (lassen).

Das klingt aber völlig anders als alles, was Sie bislang über Motivation gehört, gelesen und eventuell praktiziert haben? Danke für das Kompliment. Machen Sie mir bitte noch eines: Motivieren Sie fünffach und genießen Sie den fünffachen Erfolg Ihrer neuen Motivation. Was haben wir vergessen?

Eigenmotivation

Der Manager soll alle motivieren – aber wer motiviert den Manager? Der Manager. Wie? Gute Frage.

Jede(r) von uns hat seine hausgemachten Mittel der Eigenmotivation. Ergänzen Sie Ihren Medizinschrank doch mal mit fünf Fingern!

Der Motivationsamateur pusht sich endlos und vor allem spontan: »Komm! Das packst du doch auch noch!« Warum leidet diese Technik unter rapid abnehmendem Grenznutzen? Weil dabei die in der menschlichen Hardware eingebauten Frustgefühle ignoriert werden. Alles Verdrängte jedoch baut sich im Unterbewussten zu Bremsmonstern auf. Wer nur lange genug verdrängt, zerstört sich damit irgendwann komplett die eigene Leistungsfähigkeit. Heute nennt man das Burnout, genießt es als Auszeichnung und schiebt die Schuld auf die Arbeitsüberlastung. Dabei sollte man eher von chronischem Versagen der Eigenmotivation reden. Der Action Manager versagt nicht. Er weiß:

Mach mal!

Bevor ich mich selber motiviere, muss ich Dampf ablassen!

Deshalb verdrängt der Action Manager seine Frustgefühle nicht. Er erinnert sich an seinen kleinen Finger und gesteht sie sich selbst ein: »Also, dazu hab ich jetzt nun wirklich am allerwenigsten Lust! So eine verdammte Sch… aber auch! Ich könnte vor Wut an die Decke gehen!« Merken Sie was? Das erleichtert. Erst fertig erleichtern, Dampf ablassen, auskotzen – dann motivieren. Danach: Daumen.

Das heißt, Augen auf in Richtung Introspektion: Warum nehme ich den ganzen Mist denn überhaupt auf mich? Warum mache ich das alles? Nein: *Wozu* mache ich das alles? Der Action Manager hat immer The Big Picture, den

Sinn des Ganzen, das (für ihn!) Wesentliche vor Augen (Mittelfinger). Deshalb kann ihn selbst ein GroFF nicht demotivieren. Denn er weiß, er spürt förmlich, dass der große Sinn größer ist als der größte Frustfaktor. Trotzdem fackelt er nicht lange, sondern – Mach endlich! – räumt alle Frustfaktoren aus dem Weg, die sich ausräumen lassen. Der Amateur beklagt sich nur ständig darüber und bemerkt nicht, dass er sich damit doppelt bestraft: Er löst nicht nur die Bremse nicht, sondern demotiviert sich selber mit seiner erlernten Hilflosigkeit (der schlimmste Motivationskiller von allen).

Wenn ich Action Manager bei ehrgeizigen, ja wagemutigen Projekten ertappe und sie frage, wo um alles in der Welt sie die Motivation dafür hernehmen, antworten sie mit dem Ringfinger: »Ich hab's einfach angepackt!« Natürlich mit guter Vorbereitung und Flankenschutz. Aber während der Motivationsamateur sich »noch nicht bereit« fühlt, noch auf den Extraschub Motivation wartet (der nie kommt, weil Motivation nie »kommt«, sondern immer gemacht wird), weiß der Action Manager:

Mach mal!

»Mach's einfach!« ist die beste Motivation, weil sie direkt in die Aktion führt – selbst und gerade dann, wenn man sich »noch nicht so fühlt«.

Action Manager erscheinen zwar permanent supermotiviert. Aber sie sind es nicht von Natur aus, sondern aus eigenem Verdienst: Hinter ihrer Stirn laufen die Finger ständig das Glasperlenspiel der Action Motivation durch. So bleiben sie ständig hoch motiviert und leistungsfähig. Das wünsche ich Ihnen.

Der Frust der Führungskräfte

»Ein Action Manager gibt nie auf! Aufgegeben werden Briefe.«

»Ich ertappe Führungskräfte immer wieder dabei, wie sie den Kopierer reparieren oder den Stempel vom Fax nachfüllen.«

»Das Umfeld weiß einen Action Manager nur solange zu schätzen, bis es selbst in das aktuelle Projekt einbezogen werden soll. Dann heißt es sofort: ›Lass mich doch in Ruhe damit!‹«

»Action Management? Bei uns herrscht Minimalismus um jeden Preis.«

»Wir nennen die etwas längeren Kaffeepausen einfach ›Meeting‹.«

»Erst heißt es wochenlang: ›Machen wir nicht!‹ Wenn dann die Bude brennt, soll das, was wir angeblich nicht machen, doch plötzlich gemacht werden – selbstverständlich ohne Unterstützung der Geschäftsleitung. Falls es schiefgeht.«

Die Feinde des Action Managers

»Höflich sein zu diesem Pack?
Mit Seide näht man keinen groben Sack.«

Johann Wolfgang von Goethe

»Jeder erzählt dir, wie es nicht geht. Das interessiert mich nicht.
Ich fordere immer: Sagen Sie mir, wie wir das Problem lösen.«

Andreas Nikolaus »Niki« Lauda, im Magazin der Süddeutschen Zeitung, 20.9.2013

»Wir retten mal wieder das Universum und was machen die?
Die verklagen uns dafür!«

Captain Kirk

Der größte Witz der Weltgeschichte

Wir leben in einer Leistungsgesellschaft? Erzählen Sie das mal jenen, die wirklich Leistung bringen (wollen). Spätestens die erbitterten Meinungsbilder am Ende jedes Kapitels dieses Buches sollten auch den hohlschädeligsten Leistungsromantiker auf den rauen Teppich der Realität zurückgeholt haben. Wir leben nur insofern in einer »Leistungsgesellschaft«, als dass gilt: Leistung? Wird bestraft! Manager wissen das. Manager*innen* wissen es besser.

»Ein dämliches Spiel«, sagte zum Beispiel die Vertriebsleiterin eines Textilunternehmens vor einiger Zeit. »Wenn ich sehe, wie die Angsthasen und Großsiegelbewahrer bei uns gute Ideen kaputt machen, könnte ich vor Wut die Brocken hinschmeißen.« Das hat sie inzwischen. Sie hat ihr eigenes Unternehmen gegründet. Das ist übrigens der häufigste Grund (nicht fehlende Kinderhortplätze), warum so wenige Frauen in der Wirtschaftsspitze zu finden sind: »Dieses doofe Spiel mache ich nicht (mehr) mit.« Männer »lösen« das Problem anders. Sie beißen die Zähne zusammen und ignorieren die Leistungsfeindlichkeit. Männer sind die größeren Karriere-Masochisten. Ich weiß nicht, ob ich dazu gratulieren soll.

Der Klügere gibt nach?

Dann ist er nicht klug, sondern masochistisch.

Ich kenne viele Menschen, die wegen der Leistungsfeindlichkeit in Beruf und Gesellschaft resigniert haben, innerlich emigriert sind. Bereits Goethe sagte: »Selig, wer sich vor der Welt ohne Hass verschließt.« Ich respektiere das, gebe aber zu bedenken: Das macht dich fertig! Leistungsfeindlichkeit ist schon schlimm genug. Aber wenn man auf die Action-Aversion unserer Kultur auch noch mit Resignation reagiert – das muss die Hölle sein. Denn Leistungswillen ist wie Durst: Wer ihn zu lange unterdrückt, geht vor die Hunde. Ich will das nicht, ich kann das nicht. Ich halte es lieber mit: Wer sich nicht wehrt, lebt verkehrt. Wehren wir uns gegen die Leistungsverweigerer! Wie? Typgerecht. Nehmen wir uns einen nach dem anderen vor.

Der Geht-nicht!

Hans ist Verkaufsleiter und braucht dringend die Unterstützung seines Kollegen vom Innendienst: Kunde winkt mit Riesenauftrag! Aber: Es eilt! Hans stürmt ins Büro des Innendienstleiters und sagt: »Ich brauche das Angebot! So schnell wie möglich! Am besten gleich!« Sagt der Kollege:

»Geht nicht! Ich muss morgen vor der Geschäftsleitung präsentieren und hab noch nicht alle Slides beisammen!«

»Lass das doch einen Mitarbeiter machen!«

»Geht nicht, die kennen sich damit nicht aus!«

»Dann zeig denen rasch wie es geht!«

»In der Zeit kann ich es auch selber machen!«

»Dann schieb mein Angebot schnell dazwischen!«

»Geht nicht. Wie gesagt: Erst die Präsentation.«

»Dann lass deinen besten Kalkulator das Angebot errechnen!«

»Solche Angebote muss ich schon selber rechnen!«

Action Fact

Eigentlich eine Unverschämtheit. Da gibt es Menschen, die werden für einen Job bezahlt. Bittet man sie jedoch, ihren Job zu machen, heißt es: »Geht nicht!«

Unbegreiflich, warum solche Leistungsverweigerer überhaupt eingestellt und dann auch noch bezahlt werden! Die befinden sich praktisch 24/7 im wilden Streik! Wer hat das zu verantworten? Was macht man mit solchen Bremsern?

Erst mal: Venting. Ist *der* Volkssport der berufstätigen Amerikaner. Auf gut Deutsch: Ablästern, sich fürchterlich aufregen. Das hilft. Das macht ein normaler Mensch. Action Manager sind nicht normal. Bei ihnen fällt auf, dass sie sehr selten ausgiebig Venting betreiben. Sie haben das nicht nötig. Denn sie sind resilient: Sie kommen sehr viel schneller aus Frust, Aufregen und Jammern heraus als normale Menschen, die oft in diesen Sackgassen-Gefühlen stecken bleiben.

The Measure of The Man

Wie stark Ihre Action-Management-Kompetenz bereits ausgeprägt ist, zeigt Ihre Reset-Phase. Also die Zeit, die Sie benötigen, um von Frust und anderen Bremsaffekten runterzukommen und wieder in den Action-Modus zu schalten. Eine gute Zeit sind fünf Sekunden. Spitzenmanager schaffen es unter zwei. »Normale« Menschen können sich stunden-, tage- und wochenlang über Bürokraten und Bremser aufregen. Manche kommen ein ganzes Leben nicht aus dem Lästern raus …

Was macht der Action Manager, nachdem er Dampf abgelassen hat? Er »bypasst« zum Beispiel den Geht-nicht!: »Geht nicht? Dann mach ich das eben selber.« In vielen Organisationen richtet der Geht-nicht! so viel Unheil an, dass die Wissenschaft (genauer: das Supply-Chain-Management) für die Do-it-yourself-Lösung bereits einen Namen geprägt hat: Maverick Spend.

Der Maverick Spend sind jene Beschaffungen, die an der offiziellen Einkaufsabteilung vorbei bestellt werden. In stark befallenen Unternehmen beträgt der Anteil bei manchen Kostenarten (zum Beispiel bestimmte Dienstleistungen) 60 bis 80 Prozent (man könnte daher jede Menge Einkäufe einsparen, aber – ja was? Richtig: Das geht ja nicht!). Auch Hans praktiziert inzwischen das Maverick-Prinzip. Wann immer er ein ganz eiliges Angebot braucht, geht er nicht mehr zum leitenden Geht-nicht! des Innendienstes. Er hat ihn gebypasst.

Er geht jetzt zu einem jungen Controller. Der sagt: »Was soll der Aufstand? So etwas kalkuliert man doch in 20 Minuten runter!« Hans meint: »Controlling hat sowieso das letzte Wort bei solchen Angeboten – also schalte ich einfach den Zwischenhändler aus.« Das ist unerhört? Das bringt die ganze Organisation durcheinander? Stimmt. Beides. Übrigens: Das Angebot, das der Innendienstleiter verweigerte, belief sich auf 360.000 Euro. Das Unternehmen bekam den Zuschlag, weil Hans schnell genug zuschlug. Lassen wir uns das auf der Zunge zergehen: Der Geht-nicht! verzichtet auf 360.000 Euro zugunsten einer popeligen Präsentation, die keinen Cent einbringt? Und beschwert sich hernach noch über den jungen Controller, der sich »in unsere Angelegenheiten« einmischt?

Und die Geschäftsleitung verbietet Hans und dem Controller diesen Bypass, mit dem sie inzwischen 20 Prozent des Jahresumsatzes einfahren? Das ist Wahnsinn? Nein, das ist modernes Business. Dasselbe Business, das uns Weltfinanzkrisen und Firmenpleiten beschert (irgendwoher müssen diese lustigen Dinge ja kommen). Wir könnten uns nun stundenlang über diesen Irrsinn aufregen oder mokieren und darüber die wichtigste Frage vergessen: Was, wenn es Sie erwischt? Ein bissel Geht-nicht! steckt nämlich in jedem und jeder von uns. Was, wenn Sie die Krätze kriegen? Dann rufen Sie Rik.

Mach mal den RIK!

Reflexion: Welches unbewusste Denk- oder Verhaltensmuster (wie zum Beispiel »Geht nicht!«) hält mich gerade von der Action ab?

Intervention: Mit welchem Action-Muster ersetze ich es?

Kontrolle: Hat das funktioniert? Kam es zur Action?

Meine Frau ertappt mich zum Beispiel manchmal, wie ich im häuslichen Raum bestimmte Verschönerungsmaßnahmen pauschal mit »Ach, das geht doch nicht!« abqualifiziere. Sie schaut mich dann immer stumm fragend an, bis es bei mir Klick macht (Reflexion) und ich frage (Intervention): »Pardon, ich wollte sagen: Unter welcher Voraussetzung passt der neue Großbild-TV denn in unsere kleine Wohnzimmerecke?« Und eine Woche später kontrolliere ich mich dann: Waren wir schon im Möbelladen oder im Elektrofachmarkt? Wenn nicht: Welche neue Intervention denke ich mir aus?

Der Nicht-zuständig!

Elvira ist Bereichsleiterin, Action Managerin und hat ein Problem. Das Problem heißt Sebastian. Sebastians Abteilung expandiert: Er hat 20 neue Mitarbeiter bekommen. Keiner davon kann (professionelles) Projektmanagement!

Elvira: »Dann fragen Sie die Personalabteilung, was die an Trainingsmaßnahmen anbieten kann!«

Sebastian: »Personal ist überlastet. Die können in den nächsten drei Monaten keine neuen Maßnahmen konzipieren.«

»Aber wenn Sie das schon wissen – warum kommen Sie dann zu mir? Ich bin kein Trainer. Warum lassen Sie Ihre Leute nicht in eigener Regie schulen? Das ist doch im Budget vorgesehen!«

»Ja, schon, aber Training? Bin ich nicht zuständig für!«

Ist das denn die Possibility? Solche Relikte aus dem Kaiserreich, die schon dem Hauptmann von Köpenick auf den Zeiger gingen, gibt es immer noch? Ich bin nicht fürs Atmen zuständig, also erstick ich doch lieber? Das hat nichts mit dem Kaiser zu tun. Solche Zuständigkeitsfanatiker hat es immer gegeben und wird es immer geben. Die Fachbegriffe dafür lauten obsessiv-kompulsive Persönlichkeitsstörung oder auch Paranoia – wenn der Nicht-zuständig! auch noch Andersdenkende verfolgt (Paranoia ist nicht Verfolgungswahn, sondern eine Neurose, die mit übervereinfachten Erklärungsmustern einer komplexen Welt begegnet – und dass der Staat den Neurotiker ausspioniert und verfolgt, ist eben eines seiner häufigsten neurotischen Erklärungsmuster).

Für das Training seiner Leute ist Sebastian nicht zuständig. Aber er ist zuständig dafür, seiner Bereichsleiterin das Ohr blutig zu jammern. Wie kommt Elvira aus dieser Köpenickiade raus? So wie der Hauptmann damals. Indem sie den Zuständigkeitsfanatiker mit seiner eigenen Obsession kuriert: »Sie sind nicht zuständig dafür? Danke für den Hinweis! Das beheben wir sofort. Kraft meiner Amtsgewalt als Bereichsleiterin übertrage ich Ihnen hiermit die Verantwortung für das Training Ihrer neuen Mitarbeiter. Schriftliche Anweisung folgt.« Tobsuchtsanfall?

Eben nicht. Zuständigkeitsfanatiker halten sich sklavisch an Regeln. Nicht weil sie spinnen, sondern weil sie die tumultartige Unsicherheit in ihrem Innern anders nicht glauben bändigen zu können. Also gibt man ihnen, was sie brauchen: Sicherheit.

Mach mal!

Sie müssen sich nicht mit dem galoppierenden Wahnsinn auskennen, um gut managen zu können – aber es hilft.

Vertikal funktioniert die »Versicherung« von Nicht-zuständigsein! tadellos mithilfe von Regeln, Anweisungen und Vorgaben. Horizontal funktioniert nur Management by Consequences. Ein Kollege von Sebastian machte das so: »Wenn ich noch einmal einem Ihrer Projektleiter erklären muss, wie Arbeitspaketspezifikationen formuliert werden müssen, ziehe ich sofort meine Mitarbeiter aus Ihrem Projekt ab!« Das hat der Kollege nur ein einziges Mal wahrmachen müssen. Seither weiß Sebastian: »Der meint es ernst!« Wir erkennen: Der Nicht-zuständig! akzeptiert auch Konsequenzen als etwas, das ihm Sicherheit gibt (Führungspsychologie ist ein tolles Tool).

Was tun Sie, wenn Sie sich selbst dabei ertappen, sich für Nützliches oder Nötiges nicht zuständig zu fühlen? Rik rufen. Ich reflektiere jeden Tag ein halbes Dutzend Mal: »Warum will ich das vom Hals haben? Ist es wirklich sekundär? Oder will ich mich unbewusst der Verantwortung entledigen? Welchen Teil der Verantwortung könnte ich gut und gerne übernehmen (Intervention)?« Hinterher kontrolliere ich: Hat das jetzt was gebracht oder muss ich weitere Teile übernehmen?

Der Bringt-nichts!

Bei einer Auftragssanierung mussten wir tatsächlich einmal zwei Manager anzeigen. Mit ihrem gesetzwidrigen Verhalten hatten sie den Fall der Firma mitverschuldet. Für die Anzeige mussten wir Interna an die Staatsanwaltschaft weitergeben – ein Dilemma.

Geben wir zu viel nach draußen, ist das Geheimnisverrat. Geben wir zu wenig, platzt die Anzeige. Ruckzuck sind vier Rechtsanwälte mit der Auflösung des Dilemmas beschäftigt; Kostenpunkt fünfstellig. Nach zwei Monaten wird es mir zu bunt. Ich gehe zum Leiter der Rechtsabteilung:

»Warum fragen wir den Staatsanwalt nicht, was er braucht?«

»Das bringt doch nichts. Erstens kriegen wir bei so einem vielbeschäftigten Mann keinen zeitnahen Termin und zweitens wird er doch sofort nach unseren Daten fragen!«

»Na und? Dann haben wir uns wenigstens nett mit ihm unterhalten und vielleicht kann er uns einige Tipps geben!«

»Das bringt doch nichts! Wir wissen doch, was wir tun müssen!«

Ich bypasse den Widerspenstigen, kriege binnen einer Woche einen Termin bei der Behörde, schleppe den fluchenden Chefjuristen mit und bekomme vom Staatsanwalt zu hören: »Wir sind keine weltfremde Behörde! Wir verstehen Ihr Interesse an Geheimhaltung. Deshalb brauche ich am Anfang keinen kompletten Datensatz. Geben Sie uns lediglich eine formlose Sachverhaltsschilderung. Erkennen wir darin den Straftatbestand, fordere ich die ganzen Daten an – dann kann Sie keiner wegen Geheimnisverrats belangen!«

Mach mal!

Glauben Sie keinem »Experten«, wenn er »Das bringt nichts!« sagt. Wenn ein Experte so etwas sagt, ist er kein Experte, sondern ein Bringt-nichts!

Das bringt nichts? Ein Action Manager wird es trotzdem versuchen. Bringt es etwas, hat er die Sache vorangebracht (und noch einen Leistungsverweigerer gegen sich aufgebracht). Bringt es nichts, hat er es wenigstens versucht. Der Bringt-nichts! versucht es erst gar nicht …

Bringt-nichts! ist eine der häufigsten Selbstsabotage-Strategien. 80 Prozent der Verkäufer leiden daran: »Ach, noch ein Kundenbesuch heute bringt doch auch nichts mehr!« Chronisch Kranke leiden daran. »Hast du es schon mal mit Akupunktur probiert? Also mir hat das geholfen!« – »Ach, das bringt doch nichts!« Männer mit Ehestress leiden daran: »Sollen wir es mal mit Familientherapie versuchen?« – »Ach, das bringt doch nichts!« Diese (unbewusste!) Selbstsabotage ist so verbreitet, dass Action Manager den Spieß umdrehen, sobald sie auch nur die Worte hören: »Was? Das bringt nichts? Dann ist das exakt jene Option, mit der wir jetzt gleich beginnen werden.« Und was entdecken sie dabei?

Es bringt immer was! A bissel was geht immer. Alles, was man macht, bringt einen irgendwie weiter. Den Bringt-nichts! tangiert das nicht: »Ach, so viel besser ist es dadurch doch auch nicht geworden!« Merke: Psychologie funktioniert exakt anders herum als Medizin. Normalerweise versuchen sich Menschen gegen Krankheiten zu immunisieren. Bei den Psychopathologien immunisieren sich dagegen die pathologischen Denk- und Verhaltensmuster gegen ihre Heilung. Wer von Bringt-nichts! überzeugt ist, redet sich hinterher selbst bei überragenden Beweisen des Gegenteils ein: »Och, so viel hat das auch nicht gebracht!« Wann immer Sie sich bei so einem Gedanken ertappen: Rufen Sie Rik!

Der Cover-your-ass!

Ein besonders perverses Beispiel von Leistungsverweigerung hat mir eine Managerin aus der Nahrungsmittelindustrie erzählt. Ihr Unternehmen steht wegen eines branchenweiten Lebensmittelskandals kurz vor dem Ruin. Alle Abteilungen sitzen zur Krisensitzung zusammen. Alle jammern, alle klagen.

Sie als Action Managerin treibt das Meeting voran. Es gelingt ihr tatsächlich, eine Konsenslösung auszuarbeiten. Alle Abteilungen stimmen dafür – bis auf zwei. Die zwei bringen fadenscheinige Ausreden, geben aber in der Meetingpause hinter vorgehaltener Hand zu: »Wenn das schiefgeht, sind wir der Mops! Also machen wir da nicht mit!« Lieber lassen sie das Unternehmen in den Ruin trudeln. Was ist das? Das ist Cover-your-ass: Was mit dem Unternehmen passiert? Scheißegal! Hauptsache, wir haben unsern Hintern gerettet! Das ist Leistungsverweigerung extrem – aber häufig anzutreffen. Wo war übrigens die vom Ruin bedrohte Geschäftsleitung bei diesem Meeting? Sie saß am Tisch! Und ließ zu, dass die beiden Abteilungen Cover-your-ass! spielten.

Mach mal!

Gegen Cover-your-ass! hilft am besten das Machtwort: »Das wird gemacht und damit basta!«

Manchmal hilft auch die präventive Amnestie: »Leute, wenn das schiefgeht seid ihr die Letzten, denen ich die Schuld geben würde!« Diese Zusicherung ist natürlich unglaubwürdig in Unternehmen, in denen hauptamtlich auf Schuld-Safari gegangen wird. Was, wenn es Sie selber erwischt?

Als ich im letzten Jahr ein mega-großes Ding übernahm, in Art und Dimension einzigartig in Europa, ging auch mir wochenlang der Zeiger: Was, wenn das schiefgeht? Wenn ich das nicht hinbekomme? Dann ist mein Ruf bis in die nächste Eiszeit ruiniert! Hektisch schaute ich mich nach einem riesengroßen Gesäßschutz um. Bis ich Zeit für Rik fand und mir einfiel: Wer sollte dir Vorwürfe machen? Jene, die bei diesem Mammutauftrag von vornherein abgewinkt haben? Jene, die es immer besser wissen und die sowieso keiner ernst nimmt? Mir fiel die Intervention ein: Und was wiegt im Endeffekt stärker? Das Risiko des Scheiterns oder die einzigartige Möglichkeit, hier etwas mit Vorbildcharakter für ganz Europa zu bewegen? Für einen Action Manager ist das die entscheidende Frage: Etwas bewegen zu können wiegt (für ihn!) fast jedes Risiko auf. Die Kontrolle der Wirksamkeit meiner Rik-Aktion vollzog ich nachts: Ich konnte wieder ruhig schlafen.

Der Wie-soll-das-gehen?

Gertrud hatte die Neuaufteilung von drei Ressorts mit den drei Ressortleitern in einem halben Dutzend Meetings eingetütet. Nach dem letzten Treffen gibt sie das Go! Am Abend des Tages, an dem die Neuregelung in Kraft treten soll, kommt der Assistent eines Ressortleiters zu ihr ins Büro und fragt: »Äh, wir hätten da noch eine Frage: Wie sollen denn die neuen Schnittstellen zwischen den Ressorts gemanagt werden? Wie sollen die Übergangsprotokolle konkret ausgestaltet werden?« Gertrud denkt: »Könnt ihr das nicht selbst regeln? Das fällt immerhin in eure Zuständigkeit! Ich bezahle euch nicht dafür, dass ich euch haarklein vorschreiben muss, wie ihr eure Schuhe selber bindet! Wollt ihr mich auf die Schippe nehmen?« Nein, auf die Schippe nehmen will der Wie-soll-das-gehen? nicht.

Was er will: eine detaillierte Checkliste mit allen seinen Verrichtungen von Anfahrtsweg bis Zigarettenpause. Damit er ganz genau weiß, was er zu tun hat – und heftig dagegen opponieren kann: »So geht das aber nicht!« Dann spaltet man noch ein Haar, macht noch einen Vorschlag, gegen den er auch opponiert – et cetera ad infinitum. Gertrud erkennt das Spiel und steigt aus.

Mach mal!

Den Wie-soll-das-gehen? nimmt man am besten beim Wort und spiegelt die Frage zurück.

Gertrud lässt den Assistenten die drei Ressortleiter zusammentrommeln, setzt diese bei sich an den Tisch und sagt: »Es ist die Frage aufgetaucht, wie unsere Neuorganisation denn nun im Detail funktionieren soll.« Alle nicken begierig. »Ich darf diese Frage an Sie weitergeben: Wie soll das im Detail funktionieren? Wer kümmert sich um …?« Die drei diskutieren. Nach fünf Minuten sagt Gertrud: »Wie ich sehe, sind Sie auf gutem Weg. Da die Regelung heute Abend in Kraft tritt, haben Sie noch etwas Zeit. Ich bin in 45 Minuten zurück, um Ihre Lösung anzuhören.« Das funktioniert? Und wie.

Wenn wir selber von diesem Virus befallen werden, wird dessen Sekundärnutzen deutlich: Wir haben Schiss. Ein Vorstand sagte mal: »Ich ertappe mich jede Woche ein, zwei Mal dabei, wie ich denke: Wie soll das denn funktionieren? Dann reflektiere ich: Alter, Hosen voll? Ich interveniere, indem ich die Frage wortwörtlich nehme: Überleg dir doch wirklich mal, wie das konkret funktionieren könnte! Arbeite drei Optionen aus! Und dann kontrollier, ob du damit endlich den Hintern hochkriegst!«

Der Die-wollen-nicht!

Wer heutzutage etwas bewegen möchte, stößt auf die 360°-Front der Verweigerer. Man könnte annehmen, dass der von Action Managern am häufigsten geäußerte Satz ist: »Ich würde ja schon gerne – aber die (da oben) wollen nicht!« Seltsamer- oder bezeichnenderweise werden Sie diesen Satz von einem echten Action Manager selten hören.

Mach mal!

»Die (da oben) wollen nicht!« heißt weder, dass »die« nicht wollen, noch dass man es aufgeben darf oder sollte. Es heißt lediglich: »Die wollen nicht *loslegen* – denn die wollen erst *überzeugt* werden!«

Das ist die Schwelle, über die insbesondere 90 Prozent der Nachwuchsführungskräfte stolpern: »Ich habe heute ein Konzept zur 300-prozentigen Umsatzsteigerung vorgelegt! Aber der Vorstand will nicht. Wenn die meine Genialität nicht erkennen, ist das doch deren Schuld!« Nein. Es ist deine.

Action Fact

Ideen überzeugen selten. Menschen überzeugen besser.

Je genialer die Idee, desto heftiger muss man deren potenzielle Rezipienten »massieren«, damit sie das Gelbe vom Ei erkennen. Von allein tun sie es nicht. Eben weil sie nicht halb so genial sind wie Sie.

Mach mal!

Es reicht nicht, die richtige Lösung zu erkennen. Man muss die, denen geholfen werden soll, auch davon überzeugen.

Das hört sich so logisch an, dass wir automatisch fragen: Warum wird das dann so selten gemacht? Das hat zwei Gründe. Einer ist der Expectation Bias: Wir erwarten viel zu oft und vor allem zu intensiv, dass Menschen die Genialität unserer Ideen von allein erkennen können und wollen. Wenn sie das offensichtlich und chronisch nicht tun – wäre dann nicht eine Korrektur unserer Erwartung angebracht?

Der andere Grund ist: »Ich lege hier die Marschroute fest – immerhin bin ich für das Ganze verantwortlich.« Das sagte mir mal ein Manager, der ganz besonders unter dem Die-wollen-nicht! seiner Mitarbeiter litt. Kein Wunder: Mit dieser Einstellung hatte er genau die Demotivation provoziert, über die er sich beklagte. Halten wir fest: Ein Manager muss überzeugen (können und wollen). Aber wer überzeugt den Manager?

Die beunruhigende Wahrheit ist: Oft genug wollen wir selbst nicht. Wir wollen nicht tun, was getan werden muss. Warum nicht? Diese Frage würde ich niemals stellen!

Mach mal!

Fragen Sie niemals »Warum?« Fragen Sie: »Wie?« Vor allem, wenn es um Eigenmotivation geht.

Ich frage mich oft: Okay, das ist jetzt nötig, aber ich hab grad keinen Bock dazu – wie könnte ich wollen? Wann wäre ich dafür motiviert? Unter welchen Voraussetzungen? Dann schaffe ich mir diese Voraussetzungen, so gut es geht – die Motivation kommt dann von allein.

Der Das-ist-ein-Problem!

Unsere Kultur ist problemfixiert. Schlagen Sie nur die Zeitung auf oder hören Sie Nachrichten: Überall wird gejammert und geklagt, problematisiert und polemisiert. Die dezidierten Lösungsvorschläge (Martin Hölschers »zweite Liste«, s. Kapitel »Hybris«) können Sie mit der Lupe suchen. Auch in Ihrem Umfeld?

Mach mal!

Managen Sie mit 1:3-Lösungsorientierung!

Ein Projektleiter klagte im Coaching darüber, dass sein Team stundenlang immer nur die Verzögerungen und Probleme beklage. Ich schaute ihn so lange stumm an, bis er sagte: »Jaja, ich weiß. Dann muss ich eben so moderieren, dass sie das nicht mehr tun. Wie?« Gute Frage. Mit 1:3. Im nächsten Meeting sagte er: »Leute, wenn wir unsere Probleme so ausgiebig wie bisher beklagen, dauert die Problemlösung zu lange. Vorschlag: Keiner von uns schaut auf die Uhr. Aber für gefühlt jede Minute, die wir mit Jammern verbringen, möchte ich drei Minuten Lösungsvorschläge hören!« Alle lachten, weil die Idee gar zu putzig ist. Das heißt: Für jede Minute, die Sie und Ihre Leute auf der »ersten Liste« (s. o., Kapitel »Hybris«) verbringen, verbringen Sie dann einfach drei auf der zweiten. Sie werden sehen: Das funktioniert.

Das funktioniert sogar noch besser beim Self Management. Ich führe seit einiger Zeit ein »Solution Diary«. Die wirklich dicken Probleme schreibe ich da abends rein. Das erleichtert ungemein: Dampf ablassen. Nachdem ich auf diese Weise einige Wochen Dampf abgelassen hatte, stellte ich fest: Der Druck ist weg – aber ich bin danach immer noch so klug als wie zuvor. Seit dieser Erkenntnis schreibe ich für jede klagende Zeile drei Zeilen mit Lösungsideen. Wenn meine Lösungskompetenz Muskeln hätte, würde ich inzwischen wie Schwarzenegger aussehen. Kein Wunder bei dem Training.

Mach mal!

Gehen Sie (gedanklich) durch Ihr Unternehmen oder Ihre Abteilung und zählen Sie die Köpfe durch: Wie viele Geht-nichtse!, Nicht-zuständigse! et cetera haben Sie pro Organisationseinheit? Wie ist die Feindquote? Sind die Feinde des Action Managements schon in der Mehrzahl? Was werden Sie tun?

Der Semmelweis-Reflex

In was für einer Welt leben wir eigentlich? Wer was bewegen will, wird von allen Seiten angefeindet! Als Dr. Ignaz Semmelweis 1848 vorschlug, die Ärzte auf der Entbindungsstation sollten sich doch gefälligst die Hände waschen, vor allem nachdem sie an Leichen hantiert hatten, bevor sie Babys entbinden – bekam er den Nobelpreis dafür, dass er Millionen Mütter vor dem Tod durch Kindbettfieber rettete? Ach Unfug! Wir wissen doch, wie das läuft: Alle Koryphäen der damaligen Zeit, die Professoren, Doktoren und »Experten« lachten ihn aus. Er verlor seinen Job. Und wir beklagen uns darüber, dass wir hauptsächlich Widerstand und Undank ernten, wenn wir was bewegen wollen? Wir wissen doch, wie der Hase läuft, dass Undank der Welten Lohn ist und dass die dümmsten Hinterbänkler am lautesten opponieren. Also, warum regt uns das immer noch so auf?

Expectation Bias

Dass uns die Kultur der Leistungsverweigerung immer noch aufregt, liegt nicht an den Leistungsverweigerern, sondern an uns. Genauer: An unserer berechtigten, aber illusorischen Erwartung, die Welt schulde uns Dank oder müsse uns dabei unterstützen, sie zu retten. Sie tut es (in der Regel) nicht. Im Gegenteil. Ganz im Gegenteil …

Oder um den flotten Bürospruch zu bemühen:

Action Fact

Keine gute Tat bleibt ungestraft!

Das bedeutet:

Mach mal!

Tun Sie das Richtige! Das Richtige tun bedeutet auch: Rette die Welt! Aber erwarte niemals Dank oder auch nur Unterstützung dafür! Erwarte Behinderung, Spott und Undank.

Das ist die ultimative Härte. Denn seien wir ehrlich: Die meisten von uns machen es nicht wegen des Geldes. Wir machen es für Ruhm, Ehre und das gute

Gefühl am Abend, wieder etwas bewegt zu haben. Der Action Manager unterscheidet sich in nur einem einzigen Punkt von diesem Leistungsethos:

Mach mal!

Der Action Manager macht's nicht für Dank und gute Worte. Er macht's überhaupt für niemand anderen. Er tut's für sich selbst.

Das ist logisch: Dank, gute Worte und Geld wären extrinsische Motivatoren. Es ist toll, wenn man Applaus bekommt und Status kassiert. Aber es gibt einen fatalen Unterschied zwischen nice to have und need to have: Der echte Action Manager genießt wie jeder andere Mensch auch die extrinsischen Köstlichkeiten. Er ist nicht immun dagegen – aber autonom. Er ist der Inbegriff der Intrinsität: Er macht's für sich und nur für sich.

Er rettet die Welt – aber nicht der Welt wegen, sondern weil er es kann! Weil er es will! Weil er am Abend des Tages, an dem er wieder mal die Welt bewegte, Achtung und Anerkennung von dem einzigen Menschen erwartet und bekommt, der seine Leistung wirklich zu würdigen weiß: von sich selbst. Das hält der Amateur für Egoismus. Der Kundige hält es für affektive Autonomie, ultimative Resilienz und Krönung jedes Self Managements. Ars gratia artis – wie der Lateiner sagt.

Die Kunst ist der Lohn der Kunst (nicht der Applaus der unkundigen Menge). Danach handelt der Action Manager. Schön, wenn man Applaus bekommt – aber wenn nicht: Wen juckt's? Nicht den Action Manager. Denn er ist die einzige Autorität, der er gestattet, seine Leistung anzuerkennen. Das ist sein Wahlspruch, die Maxime seines Lebens und zugleich sein offenes Erfolgsgeheimnis. Alle großen Philosophen und Denker der Weltgeschichte kannten dieses »Geheimnis«. Deshalb endet dieses Kapitel mit den Worten einer Philosophin, die das am schönsten ausgedrückt hat:

»On aime faire bien le travail qu'on fait. Mais ça n'est pas pour la gloire et les honneurs.»

Simone de Beauvoir, L'invitée

Der Action Manager macht das, was er macht, weil er es machen will und machen kann – und pfeift auf die Pfeifen, die das nicht würdigen können!

Der Frust der Führungskräfte

»Manager beklagen sich immer, dass sie so stark fremdgesteuert seien. Der Action Manager maximiert den Anteil der Selbststeuerung.«

»Die Anerkennung meiner Leistung vermisse ich leider, obwohl ich gesetzte Ziele regelmäßig weit übertreffe.«

»Mich motiviert nicht der Applaus von oben. Mich motiviert die Begeisterung für meine Aufgabe.«

»Oft wird in hektischen Zeiten auf die Beratung von externen Spezialisten zurückgegriffen, nur um die Managementfehler der Vergangenheit zu beheben. Dieses Szenario wiederholt sich immer wieder, weil das Management nicht zu seinen Fehlern steht und sich keine Gedanken darüber macht.«

»Habe mich Anfang des Jahres richtig ohnmächtig gefühlt, irgendwas im Unternehmen zu bewegen. Das hat keinen Spaß mehr gemacht. Im Sommer kam dann ein interessantes Jobangebot, ich nahm an – und seither bewege ich wieder was, habe wieder Spaß an der Arbeit!«

»Immer nur reden und nichts davon umsetzen – das blockiert irgendwann selbst die motiviertesten Mitarbeiter. Die tauchen dann einfach ab.«

Action Transformation

»Plus ça change, plus c'est la même chose.«

Französisches Sprichwort

»Wer den Sumpf trockenlegen will, darf nicht die Frösche fragen.«

Managerspruch

Too little, too late

Der Regenwald: Stirbt immer noch. Das Klima: Spielt immer verrückter. Und wie lange wollen Sie eigentlich schon das Rauchen aufgeben, sich gesünder ernähren, mehr Zeit mit der Familie verbringen, mehr Sport treiben ...? Ganz zu schweigen von den Change-Projekten in Unternehmen. Kennen Sie auch nur eine Handvoll, die on target und on time angekommen wären oder irgendetwas wesentlich verändert hätten?

Action Fact

Change-Management ist auf der ganzen Linie gescheitert. Persönlich, beruflich und unternehmerisch.

Ein österreichischer Mittelmanager gestand mir: »Wir haben so viele Change-Projekte gemacht – und nichts hat sich wirklich geändert. Eine echte Transformation von Einstellung und Verhalten, der Kernprozesse und der impliziten Strategien haben wir nicht erreicht – aber erzähl das mal denen da oben!« Warum sollte ich?

Wir wissen doch alle: Die meisten Veränderungsprojekte sind JFS, just for show. Und weil die Show nonstop läuft und wir inzwischen so viele Pseudo-Change-Projekte müde lächelnd mitgemacht haben, haben wir echte Transformation völlig verlernt. Wir schaffen es ja oft nicht mal, unseren eigenen Kindern in angemessener Zeit die Übernahme häuslicher Aufgaben anzugewöhnen. Das ist nicht weiter schlimm – mit 18 sind sie sowieso außer Haus. Wenn wir Glück haben. Und wenn nicht?

Was, wenn es wirklich mal darauf ankommt, dass wir in kürzester Zeit eine tiefgreifende Veränderung erzielen – was machen wir dann? Die linke Hand hoch und mit dem Daumen beginnen.

Mit dem Daumen sehen

Wenn Sie noch nicht so schnell, einfach und tiefgreifend Veränderungen herbeiführen können, wie Sie das eigentlich von sich erwarten, ist zunächst Ihr Daumen schuld. Betrachten wir ein Beispiel.

Ein Dienstleister, Bilanzsumme im zweistelligen Millionenbereich, muss praktisch über Nacht notgedrungen den vormals regen Kundenverkehr aufgeben und stellt sein Business-Modell komplett auf Portfolio-Management um: Investitionen, Projektarbeit, Immobilien. Das ist ein Mega-Change. Wie kann er gelingen? Wie schafft es der Vorstand, dass die kritische Masse der Mitarbeiter mitzieht?

Der Personalvorstand weiß es: »Wir brauchen flankierende Maßnahmen! Die Leute müssen an ihre neuen Aufgaben herangeführt werden!« Er schlägt ein Trainingsprogramm vor, fünfstelliges Budget. Die Mitarbeiter besuchen die Seminare, hören brav zu, machen die Rollenspiele. Hinterher machen zwei Drittel weiterhin Business as usual, starren die Wand an oder fluchen auf den Turnaround. Keine Spur von Change, geschweige denn von Transformation. Der Vorstandsvorsitzende zieht die Notbremse und grätscht dem Personaler in die Parade.

Er sagt: »Ihr Programm in allen Ehren – aber sehen Sie nicht (Daumen!), was an der Basis los ist? Unsere Verkäufer, Ingenieure und Produktmanager sollen plötzlich auch als Projektleiter, Asset-Manager und Vermögensverwalter arbeiten! Die müssen nicht ›an ihre neuen Aufgaben‹ herangeführt werden! Ein Ingenieur will doch nicht Vermögen verwalten! Der kann sich das überhaupt nicht vorstellen! Die Leute brauchen kein Seminar. Sie brauchen ein komplett neues Rollenbild und Berufsverständnis!« Der Personalvorstand schweigt verbittert. Er hasst es, wenn der Vorsitzende ihm sein Ressort erklärt. Er hasst es, wenn man ihm sagt, dass er nicht mal seinen Daumen managen kann.

Also geht der Boss raus an die Basis. Er zieht von Büro zu Büro und sagt, mit abteilungsspezifischen Modifikationen: »Ihr seid Verkäufer und sollt jetzt plötzlich auch für den Service-Einkauf zuständig sein? Das ist die Härte. Aber ich verrate euch was: Es ändert sich nichts. Es geht immer noch um den Preis. Es geht immer noch um den Best Buy. Es geht immer noch um Produkt-Features. Das, was euch im alten Job Erfolg brachte, macht euch auch im neuen erfolgreich. Und das, was ihr dazu an Fachwissen braucht, holt ihr euch auf den Fachseminaren. Ihr seid meine Spezialisten für den knallharten Deal – und ihr bleibt es.« Seit der Vorstand auf Tour war, läuft die Transformation. Das hat keine fünfstellige Summe gebraucht und kein Trainingsprogramm, sondern bloß einen Daumen.

Was übersehen Sie?

Warum scheiterte der hochbezahlte Personalvorstand? Wirft eine fünfstellige Summe zum Fenster raus, erreicht damit nichts und blamiert sich vor Kollegen und Konkurrenz. Was hat er falsch gemacht? Nichts. Beziehungsweise: Es ist völlig irrelevant, was er *gemacht* hat. Denn entscheidend ist, was er (nicht) *gesehen* hat.

Wenn eine Sache zu langsam vorangeht – was machen Sie? Logo: Härter ranklotzen! More Power! Das heißt in den Begriffen des obigen Beispiels: noch ein Training, noch mal 30.000 Euro! Das kann es nicht sein. Wenn einer das Falsche macht, kann er es hundert Mal machen – davon wird es nicht richtiger.

Mach mal!

Don't work harder! Look smarter!

Wenn es nicht schnell genug vorangeht: Es liegt nicht daran, dass Sie nicht hart genug arbeiten. Es liegt daran, dass Sie nicht scharf genug hinschauen. Der Personalleiter übersah die entscheidende Erfordernis des Einstellungswandels. Einstellungen werden bei Veränderungsvorhaben chronisch übersehen (sowohl eigene als auch andere). Leider gilt aber mit Dr. Karl Menninger:

»Einstellungen sind wichtiger als Tatsachen.«

Was wird ebenfalls chronisch übersehen? Kommen Sie – Sie sind doch ein Change-Veteran! Richtig: Widerstände. Entweder übersehen oder verniedlicht: »Och, die Mitarbeiter (Kunden, Kinder, Ehepartner …) berappeln sich schon noch.« Tun sie nicht – und der Wandel stockt. Was wird noch übersehen?

Mach mal!

Der Wandel soll schneller vorangehen? Fragen Sie: »Was übersehen wir?«

Einstellungen, Ethos, Identität, Rollenverständnis, Loyalitäten

Widerstände, Ängste, Skepsis, Zweifel, Reaktanz, strategisches Verhalten, Cover your ass

Transfersicherung, operative Umsetzung, Hindernisse

Unpopuläre Baustellen und stille Imperative

Sweet Spot, aktueller Engpass, größter Hebel

Eigenanteil

Die Liste des Grauens. Was davon ist der größte Change-Killer? Was tippen Sie?

Der Sweet Spot

Manager versagen am Wandel, wenn sie den Sweet Spot nicht erkennen. Betrachten wir einen Musterdialog:

Manager: »Wir könnten schon viel weiter sein, wenn der Bereichsleiter endlich einsehen würde, dass wir vorübergehend mehr Manpower brauchen!«

Schuster: »Also ist Manpower der Engpass?«

»Ja.«

»Was übersehen Sie?«

»Ich übersehe doch nichts!«

»Sie brauchen mehr Manpower, der Bereichsleiter sieht das nicht ein – was ist der logisch nächste Schritt?«

»Äh, dass ich den Bereichsleiter überzeugen sollte?«

Mach mal!

Wenn es nicht (schnell genug) vorangeht: Setzen Sie am Sweet Spot an! Das ist der aktuelle Engpass im Veränderungsprozess. Sobald dieser Engpass behoben ist, läuft es wieder.

Jeder Manager weiß, was ein Engpassfaktor ist. Warum sind dann so viele Engpassfaktoren bereits chronifiziert? Weil man etwas tun müsste, um sie zu beseitigen. Der zitierte Manager sagt zum Beispiel: »Dann müsste ich ja tatsächlich etwas unternehmen und mit dem Bereichsleiter reden.« Der Manager erkennt seinen Eigenanteil am Problem. Übernimmt er ihn? Ja – wenn er ein Action Manager ist. Wenn nicht, schimpft er weiter über den Bereichsleiter und tut nicht das Seinige. Warum verweigern Menschen das, was nötig wäre? Aus Scham. Und nirgends ist die Scham größer als im Management.

Scham macht blind

Kurz nach Amtsübernahme ordnete der damalige technische Geschäftsführer des neuen Berliner Flughafens eine schonungslose Bestandsaufnahme der Baumängel an, um das Ruder des havarierten Großprojektes doch noch herumzureißen. Constanze von Bullion schrieb am 25. Oktober 2013 in der *Süddeutschen Zeitung* dazu: »Heraus kamen 60.000 Mängel – eine Zahl, deren Bekanntwerden im Flughafenmanagement für wenig Freude sorgte.« Warum? Warum freuen sich (manche) Manager nicht, wenn sie sehen, welche Mängel sie beseitigen können, um Erfolg zu haben?

Action Fact

Scham macht Menschen blind für das, was getan werden muss.

Wer hat denn die 60.000 Mängel verbrochen? Jene, die bei deren Aufdeckung »wenig Freude« empfinden. Weil sie sich schämen. Deshalb plädierte der Personalleiter aus unserem Beispiel auch für Trainings (und weil es so viel bequemer ist, 30 Leute in einen Seminarsaal zu stecken, als mit jedem ein persönliches Gespräch zu führen). Im Grunde seines Herzens ahnte er, dass das nichts bringt – aber von Einstellungen, von Menschen und dem, was Menschen bewegt, hat er als Verantwortlicher für Menschen nun mal leider keine Ahnung! Wenn das herauskommt – die Scham! Also agiert er taktisch und schiebt die Verantwortung den Trainern in die Schuhe (die auch keine Einstellungsarbeit leisten, weil ihr Auftrag anders lautet). Dass er damit auffliegt, ist fürs Management eher ungewöhnlich.

Im Regelfall läuft das so ab wie bei einem schwäbischen Mittelständler, der 26.000 Euro für Projektmanagementtrainings ausgibt, um seine Projekte zu beschleunigen. Dabei weiß jeder im Betrieb: Es liegt nicht an den Projektleitern. Es liegt am Labor. Das ist schlecht gemanagt und wird deshalb für jedes zweite Projekt zum Engpass. Aber das wagt niemand laut auszusprechen, weil das den Laborleiter beschämen könnte – und der rächt sich dann (anstatt den Missstand abzustellen).

Action Fact

Manager (wie alle Menschen), die sich schämen, reagieren aggressiv, passiv oder passiv-aggressiv.

Damit dürfte klar sein, warum manche Manager, Politiker und Polizisten derart aggressiv auftreten. Was soll man mit solchen Gesellen anfangen? Was kann man als einfacher Manager schon gegen einen unfähigen, aber schamhaft aggressiven Laborleiter unternehmen? Viel, wenn man ein Action Manager ist und den eigenen Anteil an der Lösung des Problems erkennt.

Ein Action Manager in diesem Betrieb tut das und steckt seinem Geschäftsführer irgendwann beim Bier: »Geben Sie mir 50.000 für externe Laborleistungen – der Laborleiter ist weiterhin King, unsere Projekte laufen schneller – alle sind zufrieden!« Nach fünf Monaten beharrlicher Einflussnahme genehmigt der Geschäftsführer das Budget – für alle Abteilungen.

Mit dem Zeigefinger transformieren

Sie wollen, dass sich etwas ändert? Schnell? Dann meiden Sie Meetings! Je höher kumulierte Sitzungszeit und Papierberge eines Veränderungsprojektes, desto eher floppt oder bockt es.

Action Fact

In Veränderungsprojekten wird zu viel geredet und zu wenig gemacht.

Oder wie ein britischer Kollege sagt: »Our projects are not undermanaged, they are underexecuted.« In unserem Fallbeispiel soll beispielsweise die ehemalige Firmenkundenabteilung nun auch das Multi-Projektmanagement übernehmen. Dafür soll eine Expertengruppe erst einmal eine Strategie ableiten, daraus ein Arbeitskreis anschließend ein Projektmanagement-Handbuch erstellen und verschiedene Projektgruppen ... Wir kennen das. Dem Vorstandsvorsitzenden ist das zu wenig Action.

Er sagt: »Wir haben keine fünf Jahre Zeit! Wir müssen den Turnaround binnen eines Jahres schaffen! Sonst ist es kein Turnaround, sondern eine Wanderdüne! Also plant und konzipiert von mir aus nebenher – aber macht vor allen Dingen das, was gemacht werden muss! Die Projekte sind doch alle schon da! Die laufen doch schon! Die können nicht warten! Die brauchen Ressourcen, Entscheidungen, Meilenstein-Abnahmen – also macht, macht, macht!« Natürlich braucht der Wandel auch Planung und Organisation – aber davon ändert sich nichts!

Action Fact

Veränderungsprojekte sind oft konzeptorientiert. Action Transformation ist handlungszentriert.

So hält das auch der Vorstand in unserem Beispiel. Er besucht Abteilung um Abteilung und fragt nicht »Was ist euer Konzept?«, sondern: »Zeigt mal, wie ihr das jetzt macht!« – »Keine Ahnung«, sagt zum Beispiel der ehemalige Leiter der Firmenkundenabteilung: »Ich weiß schlicht nicht wie ich einen Meilenstein korrekt definieren soll!« Darauf sagt der Vorstand: »Gute Frage: Wie könnten wir das machen? Was muss ein Meilenstein inhaltlich, terminlich, technisch und budgetär erfüllen, damit ihr ihn durchwinkt? Macht mal Vorschläge!« Die Leute machen das. Die ersten Meilensteine werden noch am selben Tag definiert. Natürlich werden die Kriterien dafür ständig verfeinert. Aber vom ersten Tag an wurde *gemacht*, statt bloß konzipiert.

Mach mal!

Transformation wird *gemacht*, nicht *konzipiert*:

Weniger konzipieren und diskutieren, mehr machen!

Machen auf Probe: Pilotprojekte, Testmarkt, Salami-Taktik bei der Umsetzung, Transfer von Benchmarking-Know-how …

Rückgriff nicht nur auf Konzepte, sondern auf konkrete Erfahrungen aus vergleichbaren Vorhaben.

Das heißt auch: Frag die alten Hasen!

Machen heißt Wandeln

Dass die Menschheit lieber am Klimawandel erstickt, als etwas dagegen zu unternehmen, liegt auch daran, dass sie sich lieber totquatscht, als wirklich etwas zu *machen*. Betriebliches Pendant ist die IT.

Wenn Mitarbeiter von einem IT-System aufs andere umsatteln sollen – was passiert dann? Richtig. Selbst nach der offiziellen Einführung arbeiten bis zu zwei Drittel regelmäßig noch mit dem alten System – oder Zettelwerk. Warum?

Mach mal!

Erklären Sie den Leuten den Wandel nicht – lassen Sie sie den Wandel *ausführen.*

Vor allem in der großen Bildungsnation Deutschland gilt: »Man muss den Leuten das nur genau genug erklären – dann machen sie es auch!« Das Korrelat dazu lautet: »Wer etwas besonders gut erklären kann, kann es auch besonders gut.« Deshalb schreiben Deutschlehrer auch die besten Romane. Tun sie nicht? Nicht ein einziger Deutschlehrer hat jemals den Nobelpreis bekommen? Dann gilt wohl das Gegenteil: Probieren geht über Studieren. Wenn man etwas erklärt bekommt, hat man es vielleicht kapiert – aber deshalb kann man es noch lange nicht machen. Erklären Sie weniger und lassen Sie mehr machen! Lassen Sie die Leute den Wandel nicht *anhören,* sondern *ausführen.*

Mach mal!

Wandel hat mit Machen zu tun. Und Machen lernt man nur beim Machen.

Also, lassen Sie machen. Eine Managerin erzählte mir von einem internen IT-Trainer, der drei seiner Kollegen arbeitslos machte. Wie? Indem er bei Neuerungen in der IT die Mitarbeiter in deren Büros besuchte und ihnen beim Ausprobieren der Neuerungen anhand ihrer konkreten Arbeitsvorgänge über die Schulter schaute. Er kam, sah, korrigierte – und die Anwendung klappte fehlerfrei nach circa einer Stunde. Die anderen drei Trainer hielten Halbtages-Workshops ab und erklärten die IT. Danach konnte ein Drittel der Teilnehmer das neue System bedienen. Übrigens: Die betroffenen Trainer ließen sich lieber kündigen, als ihre Schulungsdidaktik von Totquatschen auf Ausführen umzustellen …

Mach mal!

Sie wollen den Wandel? Lassen Sie machen!

Und zwar im umgekehrten Verhältnis zur üblichen Quote: 10 Prozent der Zeit erklären, 90 Prozent machen lassen. Weil diese Quote nicht eingehalten wird, floppt übrigens Management Development. Managern wird immer noch die Welt erklärt.

Deshalb können die wenigsten die hochfliegenden Techniken anwenden, die ihnen in Managementtrainings vermittelt werden: Sie haben die Techniken kennen, aber nie anwenden gelernt. Deshalb haben jene Unternehmen die besseren Manager (verdient), die transferorientiert trainieren (lassen), mit Return on Education arbeiten oder mit Action Learning – das Reginald Revans übrigens bereits 1980 »erfand« (Ihr Personaler hat noch nie etwas davon gehört? Autsch!). In allen anderen Unternehmen werden jährlich für viele Hundert Millionen Euro Hunderttausende Manager trainiert, ohne dass sie das Trainierte hinterher auch *machen* könnten. Das macht keinen Sinn. A propos Sinn.

Mittelfinger-Transformation: Mach Sinn!

Haben Sie jemals im Zusammenhang mit Change-Management das Wort »Sinn« gehört? Gewiss. Meist aufseiten der Betroffenen: »Was soll der Mist? Das macht doch keinen Sinn!« Und weil das keinen Sinn macht, machen die Leute so viel Unsinn.

Beim Dienstleister aus unserem Fallbeispiel sind die Manager und Mitarbeiter in den Büros und auf den Gängen beispielsweise nicht mit dem Wandel befasst, sondern mit der Endlosdiskussion: »Warum ist dieser harte Turnaround jetzt nötig? Wer hat uns in diese Bredouille gebracht? Welche Abteilung hat's versaut?« Die meisten Manager verpassen solche sinnlosen Diskussionen, weil ihnen der Daumen fehlt: Sie kriegen nicht mit, was an der Basis passiert. Andere unterschätzen das Gehörte: »Wer den Sumpf trockenlegen will, darf nicht die Frösche fragen!« Mit diesem antagonistischen Herrschaftsmodell ist schon Dschinghis Khan gescheitert. Weil man ein Unternehmen nicht (nachhaltig!) gegen die eigenen Mitarbeiter führen kann. Der Vorstand in unserem Beispiel weiß das. Er hört das Gebrabbel auf den Gängen. Er erkennt die zerstörerische Kraft der Sinnlosigkeit.

Er lädt sein erweitertes Führungsteam zwei Wochen nach Turnaround-Beginn zum Abendessen ein (Action Manager machen das). Er gibt kurz einen Abriss des aktuellen Stands und sagt dann: »Wenn wir so weitermachen, haben wir es in zwei Jahren geschafft – mit einem Verlust von 8 Millionen.« Die Leute schlucken. Wenn wegen des Verlustes massiv gekündigt werden muss, spielt die Schuldfrage keine Rolle mehr: Der alte Sinn ist kaputt. Der Vorstand gibt einen neuen aus.

Er sagt: »Zwei Jahre, acht Millionen Miese. Aber ich träume von *einem* Jahr und einer schwarzen Null!« Einige klatschen spontan, die Stimmung hebt sich, die Suppe wird serviert. Und noch bei Tisch erlebt der Vorstand wie einige Führungskräfte sich beim Aufflackern der alten Schuldfrage gegenseitig korrigieren: »Lass stecken! Denk lieber daran: ein Jahr, schwarze Null! Wie könnte das funktionieren?« Dieser neue Sinn beschleunigt die tiefgreifende Transformation. Kein Sinn – keine Transformation. Viele Manager ahnen das und geben Sinnsprüche aus wie: »Wir wollen die Besten werden!« Warum macht das trotzdem keinen Sinn? Weil dem Vorstand der Sinn danach steht – nicht den Mitarbeitern:

Mach mal: Sinn!

Der Sinn der Transformation muss *für alle* Sinn ergeben!

Auch und gerade für jeden einzelnen Ausführenden.

Stellen Sie hundert Mal am Tag die Sinnfrage: Was wir da gerade tun – macht das Sinn? Bringt uns das der Transformation näher?

Die Leute machen sinnloses Zeug? Welcher individuelle Sinn steckt dahinter? Geben Sie ihnen einen besseren!

Manager und Sinn – ein schwieriges Thema. Vertiefen wir es.

Sinn machen: Authentische Erfolgsmodelle & Appreciative Inquiry

Aus Sicht der meisten Menschen macht Veränderung keinen Sinn. Babys schreien zum Beispiel, wenn sie nass sind. Sie schreien aber auch, wenn sie trockengelegt werden – obwohl diese Veränderung doch gut für sie wäre! Diese Wohltat des Wandels geht dem Baby jedoch erst mal am wunden Hintern vorbei – und mit 45 greint das Baby in Anzug und Krawatte immer noch. In diesem Alter dann nicht wegen des wunden Hinterns, sondern wegen – was tippen Sie? Was ist der schlimmste Sinnkiller des Change-Managements?

Action Fact

Warum sollte der Mensch eine Veränderung wagen, an der er versagen, bei der er sich blamieren oder Status verlieren könnte? Das macht keinen Sinn.

Change-Manager verstehen das nicht. Sie glauben, der Sinn des Change-Managements liege im Change. Grandioser Irrtum! Der Sinn jeder Veränderung liegt erst einmal darin, den Ausführenden ihre Furcht vor dem Versagen (Überforderung, Blamage, Statusverlust, Ausgrenzung …) zu nehmen. Wie? Change-Manager versuchen es mit Beschwichtigung: »Das ist doch alles halb so schlimm! Das kriegen wir doch auch noch hin!« Das glaubt ihnen bloß kein Schwein.

Mach mal!

Sag dem Menschen nicht: »Du schaffst das!« Sag ihm lieber: »Du hast Vergleichbares schon geschafft, nämlich …!«

Das sind seine authentischen Erfolgsmodelle. Der Logistikleiter eines Großhändlers sagte daraufhin im Coaching: »Aber wir hatten noch nie eine Umstellung auf einen Chaos-Lageralgorithmus!« – »Natürlich nicht!«, sagte ich. »Aber garantiert eine Umstellung, die fast genauso neu, fremd und seltsam war – und die Sie am Ende dann doch stemmten.« Der Logistikleiter überlegte eine Weile und meinte dann: »Tatsächlich fällt mir da unser letztes SAP-Projekt ein, bei dem wir am Anfang auch nicht wussten, wie das jemals laufen soll …«

Mach mal!

Unter Stress blendet der Mensch seine authentischen Erfolgsmodelle aus. Blenden Sie sie wieder ein – und plötzlich macht der Wandel für ihn Sinn!

Normalerweise sind Normalmanager echte Sinnkiller. Unser Logistikleiter zum Beispiel blaffte mitten im Projekt einen Mitarbeiter an: »Was? Sie haben bislang nur 10 Prozent der Artikel umgestellt? Bei diesem Schneckentempo werden wir ja nie fertig!« Da ich ihn per Shadow Coaching begleitete, musste ich das mit anhören und fragte ihn daraufhin: »Was glauben Sie wohl – arbeitet der Mitarbeiter nach dieser Ohrfeige motivierter, schneller?« Es gibt tatsächlich Manager (Eltern, Lehrer, Politiker, Generäle ...), die das glauben. Der Logistikleiter gehört nicht dazu. Also hört er zu, als ich ihm die Appreciative Inquiry erkläre (nach Cooperrider und Srivastva; wörtlich: »Wohlwollende Nachforschung«):

Mach mal!

Menschen entwickeln sich in die Richtung, auf die sie lange und/oder intensiv genug ihre Aufmerksamkeit richten.

Der Logistikleiter lenkte die Aufmerksamkeit des Mitarbeiters auf »nur 10 Prozent«, »Schneckentempo« und »nie fertig«. Entsprechend lustlos traf ich den Mitarbeiter im Lager an. Ich sagte zu ihm: »Dass Sie die Flurfördermittel schon zur Hälfte neu programmiert haben – alle Achtung! Sie sind ein ganz Schneller, wenn es um IT geht!« Ein Lächeln so breit wie sein Schreibtisch ging über sein Gesicht. Die zweite Hälfte der Programmierung schafft er in zwei Tagen – für die erste hat er eine Woche gebraucht. Der Logistikleiter war beeindruckt – und benutzt die Appreciative Inquiry seither selber.

Mach mal!

Wenn Sie Misserfolge wollen, reden Sie über Misserfolge. Wenn Sie Erfolge wollen, fragen Sie nach Erfolgen – so klein sie auch sein mögen.

Aus kleinen Erfolgen werden große – wenn man sie mit Fragen »gießt«.

Ringfinger-Simplizität

Warum floppt praktisch alles, was »von oben« kommt, an der Basis? Was sagen »die Eingeborenen«? Richtig, meist: »Das passt nicht auf unsere Arbeit. Zu kompliziert. Das Alte war viel einfacher.« Der Change ist gescheitert. An seiner eigenen Komplexität.

Mach mal: So einfach wie möglich!

Fragen Sie vor dem Startschuss: Geht's einfacher?

Bessere Frage: *Wie* geht es einfacher?

Seien Sie mutig und fragen Sie »die Eingeborenen«!

Change scheitert top-down, Transformation reüssiert bottom-up: Was können die ausführenden Stellen gerade noch an Komplexität verdauen?

Jede Wette: Vor Ort hat ein besonders genialer Eingeborener garantiert schon eine besonders geniale Lösung ausgetüftelt, wenn nicht bereits in Gebrauch. Warum übernehmen Sie nicht diese?

Weil eine bestimmte Art von Managern (die unsichere, narzisstische Art) natürlich nichts von einem »einfachen Mitarbeiter« übernehmen kann und darf! Alle anderen denken an ihren Ringfinger und machen es sich und den von der Veränderung Betroffenen so einfach wie möglich – aber nicht einfacher.

Fertig ist nie!

Jede Veränderung leidet unter dem Bounce-Back-Effekt. Wir kennen das vom Abnehmen: drei Kilo runter, zwei wieder rauf. Nach Kostensenkungsprojekten sind die erzielten Einsparungen zum Beispiel im Schnitt nach spätestens zwei Jahren wieder verschwunden. Nicht nur das: Oft fällt das Unternehmen auf ein Niveau unterhalb des Startpunktes zurück. Das erklärt, warum in vielen Unternehmen ein Kostenprojekt das andere jagt.

Es hat sich etwas verändert, aber nichts grundlegend transformiert. Die Leute sparen an Punkt A, hauen dafür aber das Geld an Punkt B raus. Gleichzeitig kommen Veränderungsprojekte selten pünktlich an, verspäten sich ständig. Ein Verkaufsleiter erzählte mir, dass in seinem Unternehmen ein Change-Projekt zur Neugliederung der Verkaufsgebiete laufe – seit acht Jahren! Daraus ergibt sich ein Paradoxon:

Mach mal!

Treiben Sie die Transformation konsequent und unerbittlich auf das projektierte Ziel zu – aber laufen Sie nach Erreichen der Ziellinie munter weiter!

Heißt das, Transformation wird zum Normalzustand? Äh, warum so verdutzt? Jeden Tag dreht die Welt sich weiter, sämtliche Zellen in Ihrem Körper sind nach einigen Jahren erneuert – aber wir behandeln den Wandel als Projekt? Also als per definitionem »zeitlich begrenzte Aufgabe«? Sind wir noch ganz bei Trost? Wer »Change-Projekt« sagt, kann auch gleich »Atem-Projekt« sagen: »Geatmet wird heute von 14 bis 16 Uhr! Danach Abnahme und Beendigung des Projekts – und Exitus aller Beteiligten. Abschluss-Meeting auf dem Friedhof! Jeder bringt seinen eigenen Sarg mit! Wer will Einäscherung?« Spaß beiseite. Reden wir lieber über Sie.

Persönliche Transformation

Was ist die wichtigste Transformation? Sie selbst. Viele Führungskräfte vernachlässigen diesen Reifungsprozess.

Wenn ich mit Führungskräften ihre Projektplanung durchgehe, frage ich am Ende der Diskussion regelmäßig – mit Daumen hoch: »Und? Was haben wir übersehen?« – »Was wir übersehen haben? Wir haben alle Arbeitspakete, die Meilensteine, die Ressourcen, das Team, die Abnahmekriterien – was soll da noch fehlen?« – »Sie. Und Ihre Familie. Ihre Freizeit. Ihre Karriereplanung. Ihr Lebenstraum. Wo bleibt der, wenn Sie die nächsten Monate 60 Stunden die Woche arbeiten?«

Ich kenne Manager, die haben sich selbst 20 Jahre lang »übersehen« – die sind nicht mehr zum Aushalten! Weder für sich noch für ihre Familie. »Aber ich kann den Job doch nicht einfach hinschmeißen!«, kommt meist reflexhaft die Ausrede. Ich nehme dann immer den Zeigefinger hoch und sage: »Es heißt nicht ›Mach radikal!‹. Es heißt ›Mach endlich!‹ Was können Sie jetzt sofort für sich und/oder Ihre Familie, Ihre Träume, Ihre Lebensbalance tun?« Viele sagen spontan: »Dann mach ich heute mal eine Stunde früher Schluss!« Na bitte. Gemacht. Endlich. Macht das Sinn?

Das ist die Frage, die nie gestellt wird. Macht es Sinn, Vorstand zu werden? CEO? Sie glauben nicht, wie viele CEOs mir verraten: »Nein. Es hätte mehr Sinn gemacht, wenn ich damals meinen eigenen Laden aufgemacht hätte. Jetzt ist es zu spät.« Zu spät für den Sinn des Lebens? Das ist es nie. Aber das erkennt nur, wer den Sinn seines Lebens erfasst hat. Wer ihn nicht nur kennt, sondern brennen spürt. Und wer mit dem Ringfinger denkt: »Mach's einfach!« Einer dieser reuigen CEOs hat zum Beispiel mit 55 noch sein eigenes Start-up gekauft. Er ist immer noch CEO – hat aber jetzt sein eigenes kleines Unternehmen, das ein fähiger junger Geschäftsführer managt. Mit 55 noch so ein Kauf? Eben deshalb: Mach fertig! Die eigene, persönliche Entwicklung ist nie fertig. Nicht mit 55, nicht mit 65 und nicht mit 75 …

Die meisten Menschen halten das Leben für einen Zustand. Das ist es nicht. Wenn es das wäre, wären wir mit 35 schon so saturiert, abgefüttert und unzufrieden – hoppla! –, wie viele es tatsächlich sind. Weil sie das Leben für ein Ereignis halten. Das ist es nicht. Es ist ein Vorgang. Oder wie Patti Digh ihren Bestseller titelte: *Life is a verb*! Das Leben ist ein Veränderungsprozess. Wer das mal verstanden hat, lebt leichter. Wer diesen Veränderungsprozess obendrein nicht reaktiv mitmacht, sondern proaktiv gestaltet (fünf Finger!), lebt auch noch erfolgreicher und zufriedener. Ich wünsche es Ihnen!

Der Frust der Führungskräfte

»Anerkennung von außen wäre schön. Einerseits. Andererseits: Mir ist mein Bauchgefühl wichtiger. Wenn es sich gut anfühlt, dann ist es für mich ein Erfolg.«

»Was mich bewegt, das bewege ich. Ich brauche keinen Vorgesetzten, der mich motiviert. Die können das ohnehin nicht. Die brauchen selber Motivation.«

»Wenn wir täglich auch nur die Hälfte dessen verbessern würden, was förmlich und oft seit Jahren geradezu nach Verbesserung schreit – dann könnten wir uns diese megalomanen und im Endeffekt erfolglosen Veränderungsprojekte sparen! Wir kennen doch alle unsere Baustellen!«

»Einen Mangel an Action Managern nehme ich eigentlich nicht wahr. Was ich sehe ist jedoch: Oft verzweifeln solche Führungskräfte an den Konzernstrukturen, die nur wenig Raum zur Entfaltung lassen.«

»Wir brauchen neue Büromöbel. Große Besprechung aller Abteilungen. Die einen benötigen verstellbare Tische, die anderen Sessel mit Armlehne, wieder andere Sitzbälle. Dann die Diskussion: Wer soll das beschaffen? Personal-, Fachabteilung oder Einkauf? Nach einer Woche Diskussion habe ich zusammen mit zwei Mitarbeitern die Möbel für meine Abteilung ausgesucht, Angebote eingeholt und eine Woche später bestellt. Wir arbeiten inzwischen mit dem neuen Mobiliar. Die anderen Abteilungen diskutieren noch …«

»Wenn in einem Unternehmen fünf Jahre lang ein Reengineeringprojekt für Reporting und Marketingkultur läuft, frage ich mich schon, ob das Unternehmen von Marketing und Reporting leben kann – oder ob dieses Projekt jemals ans Ziel kommt.«

Leben heißt Action

»Action may not always bring happiness,
but there is no happiness without action.«

Benjamin Disraeli

»Schnell zu handeln, irgendetwas anzuzetteln, um bloß nicht stillzustehen, gebietet die institutionelle Logik. (…) Ein erheblicher Anteil der täglich geleisteten Arbeitsstunden besteht aus schlecht begründeter, opportunistischer oder schlicht simulierter Aktivität. (…) Gegenüber der eigentlich zu erledigenden Arbeit besitzen diese Bullshit- und Placebo-Aktivitäten meist kurzfristig höhere Priorität – ›Prio eins‹!

Holm Friebe, im Magazin der Süddeutschen Zeitung, 16.8.2013

Der Nicaragua-Effekt

Manager bauen Mist? Schön wär's, wenn bloß wir es wären. Aber schauen Sie sich doch mal um! Wer, bitteschön, macht denn keinen? Es wird in Politik, Ämtern, Familien, Vereinen, Institutionen und im Internet sowieso so viel Mist gebaut, dass es an ein Wunder grenzt, wenn überhaupt noch irgendetwas vorwärtsgeht.

Wenn wir den allgegenwärtigen Murks in Führungsseminaren oder im kleinen Kreis der Manager thematisieren, kommt immer irgendeine(r) auf die Idee, die zum Beispiel Thomas Spiekermann, PR-Spezialist bei PS:PR, so formuliert: »Die ganzen Anti-Mist-Rezepte fürs Management könnte man doch eigentlich auch im ganz normalen Leben anwenden!« Nein, könnte man nicht. *Muss* man.

Wir erweitern deshalb die Fünf-Finger-Methode in diesem Kapitel zur »General Theory of Life, the Universe and Everything« (meine Empfehlung an The Late Great Douglas Adams). Beginnen wir mit Nicaragua.

Unsere Nichte, Magisterin, MBA, trat jüngst einen Auslandsjob im Entwicklungshilfeprogramm der EU an – in Nicaragua. Eines schönen Tages flatterte die erste Postkarte von ihr herein. Meine Gattin, die beste von allen, sagte: »Schau mal! Was für ein wunderschönes Land! Lass uns Dunja besuchen!« Aber: Nicaragua ist weit und nur so für zwei Wochen runterjetten? – Man sitzt ja schon allein Tage im Flieger! Also drei, vier Wochen sollten es schon sein. Meine Frau sagt: »So lange lassen deine Klienten dich nie gehen!« Ich sage: »So lange kannst du nicht aus dem Management eures Unternehmens aussteigen!« Kann man nix machen. In unserer Position muss man eben auf vieles im Leben verzichten. Ach ja? Bullshit. Bullenmist pur.

Ich erinnere mich, dass ich damals bereits mit der Fünf-Finger-Methode arbeitete – im Management. Die Generalisierung aufs ganze restliche Leben kam uns erst am Küchentisch. Wochenlang hing die schöne Grußkarte am Küchenregal. Und jedes Mal, wenn wir draufschauten, dachten wir: »Wie schade!«

Wir schauten einmal auf die Karte und dachten: »Schade!« Wir schauten ein zweites, drittes und viertes Mal darauf und dachten immer noch »Schade!« Erst als wir Tag für Tag, jeden Morgen für eine halbe Stunde vom Frühstückstisch aus die lockende Karte betrachteten, öffnete die fortgesetzte Exposition uns buchstäblich die Augen (Daumen!) für jene Aspekte des »Problems«, die wir bislang spontan ausgeblendet hatten: zum Beispiel die unglaubliche Schönheit des Landes, dass wir beide im Gegensatz zur beiderseitigen Erwartung nicht jünger werden und dass man heutzutage alles irgendwie regeln kann. Wie konnten wir diese Seiten des »Problems« so lange übersehen?

Mach mal!

Selektive Wahrnehmung? Es gibt keine andere. Wahrnehmung ist praktisch per definitionem selektiv. Sie blendet immer aus. Und nicht nur die andere Seite der Medaille. Alle Menschen blenden ständig unbewusst aus. Der Action Manager blendet bewusst wieder ein. Im Job und im ganzen restlichen Leben.

Das tun Sie sowieso schon immer? Das glaube ich Ihnen nicht.

Haben Sie den Gorilla gesehen?

Der Mist im Management ist unerträglich? Mit Verlaub: Im Privatleben wird genauso viel Mist gebaut. Eher mehr. Professor Richard Wiseman wies das in einem etwas fiesen Experiment nach (Video im Netz). Er bat Probanden, beim Anschauen eines Films über ein Ballspiel die Anzahl der Ballkontakte zwischen den Spielern zu zählen. Die Probanden konzentrierten sich und zählten Ballkontakte. Mitten im Experiment läuft ein Mensch im Gorilla-Kostüm durchs Bild.

Die Probanden liefern ihre Zähllisten ab und Wiseman sagt: »Danke. Gut gezählt! Ach übrigens: Haben Sie den Gorilla gesehen?« Fast alle erwidern: »Gorilla? Welchen Gorilla?« Selektive Wahrnehmung. Wer sich auf Ballkontakte konzentriert, blendet alles andere automatisch aus, selbst Gorillas. Tja, blutige Laien! Wenn man das Experiment mit Managern macht, geht das natürlich anders aus! Denn Manager haben eine geschulte, unbestechliche Wahrnehmung!

Tatsächlich habe ich von einer Business-Trainerin gehört, die das Video in ihren Führungstrainings einsetzte. Mit Managern geht es tatsächlich anders aus. Die sehen den Gorilla zwar auch nicht. Doch wenn die Trainerin das Video nochmals zeigt, um dann mit dem Finger auf den Gorilla zu zeigen, behaupten die hoch bezahlten und von sich selbst überzeugten und action-blinden Führungskräfte natürlich, die Trainerin hätte den Film ausgetauscht: »Vorher war wirklich kein Gorilla drin! Hundertprozentig nicht! Wir sind ja nicht blöd!« Die würden jeden Eid darauf schwören. Die würden ihr Unternehmen drauf verwetten! Und genau das tun sie auch. Tag für Tag. Sie sehen nicht. Sie *übersehen*. Sie übersehen sich um Kopf und Kragen – und merken es nicht. Wenn man schon Mist baut, dann aber richtig.

Wir übersehen immer etwas. Nicht weil wir nachlässig wären, sondern weil wir so konstruiert sind. Das ist ein 200.000 Jahre alter Reflex. Wenn unser Verstand sich auf eine Aufgabe oder Meinung kapriziert hat, nimmt er nur noch bestätigende Reize wahr (weshalb das Phänomen auch Confirmation Bias genannt wird). Alles andere blendet er aus. So wie wir die Schönheit Nicaraguas konsequent ausgeblendet hatten, sobald unser Verstand reflexhaft »Geht nicht!« gemeldet hatte.

Mach mal!

Gehen Sie davon aus, dass Ihr Unterbewusstes permanent Teile der Realität ausblendet. Kramen Sie regelmäßig im Ausgeblendeten nach zu Unrecht aussortierten Hinweisen!

Als nützlich erweisen sich dabei Hilfsmittel – Dunjas Postkarte zum Beispiel. Meine Frau zum Beispiel. Bevor wir verreisen, fragt sie mit Blick auf die gepackten Koffer: »Und? Was haben wir vergessen?« Checklisten sind ebenfalls nützlich. Eselsbrücken, Merkzettel, Vorgehensprotokolle, Rituale und Routinen, nervige Kollegen, lästige Angewohnheiten …

Nachdem uns die Postkarte die Augen geöffnet hatten, machten wir endlich (Zeigefinger) etwas, nämlich eine grobe Terminplanung: Wenn wir überhaupt eine Chance haben wegzukommen – wann wäre diese am größten? Natürlich an Weihnachten. Weihnachten macht Sinn (Mittelfinger). Also flogen wir? Natürlich nicht.

Das Geheimnis des Misserfolgs

Es ist keine Schande, Mist zu bauen. Aber wenn man seit Jahren immer wieder denselben Mist baut – ohne es zu merken –, das würde mir zu denken geben. Manche Menschen machen seit 30 Jahren denselben Mist. Wie kann das sein?

Tragisch, aber banal: Solange wir nicht wissen, an welcher Stelle in unserem Denk- und Entscheidungsprozess wir regelmäßig aus der Spur fliegen, so lange scheitern wir munter weiter. Oder, um George Santayana zu variieren: Wer seinen Mist nicht versteht, ist gezwungen, ihn zu wiederholen. Sigmund Freud nennt das Wiederholungszwang. Natürlich bietet jeder der fünf Finger genügend Gelegenheiten, Mist zu machen. Aber was tippen Sie: Wo stellen Menschen sich im Alltag am häufigsten ein Bein?

Mach mal!

Die Schwelle des Scheiterns liegt zwischen Mittel- und Ringfinger.

Klassiker sind: Rauchen aufhören, Abnehmen, mehr Bewegung, Steuererklärung, Speicher aufräumen, mehr Primetime mit der Familie, Altersvorsorge, private Pflegeversicherung abschließen, endlich das klärende Gespräch mit Partner oder Kind führen – was fällt Ihnen noch ein? Diese Vorhaben scheitern oder landen nicht deshalb auf der langen Bank, weil wir ihre Notwendigkeit nicht sehen würden (Daumen), uns nicht ständig ermahnten, es nun endlich anzupacken (Zeigefinger) oder nicht den Sinn des Ganzen (Mittelfinger) erkennen würden. Nein, sie scheitern oder landen auf der langen Bank, weil wir es uns nicht einfach genug machen. Wir haben es gerne kompliziert! Auch meine Frau und ich.

Nach dem glücklichen Entschluss, in der kommenden Weihnachtszeit nun doch Dunja zu besuchen, wollten wir Reiseprospekte wälzen und Reiseführer. Wir wollten Angebote vergleichen und Reiserouten festlegen. Hätten wir das getan, wären wir heute noch damit beschäftigt. Stattdessen erkannten wir die drohende Schwelle des Misserfolgs, reckten unsere Ringfinger empor und machten es uns so einfach wie möglich: ab ins Internet, einige wenige Angebote sondiert, Flieger gebucht – und schon stand die Reise fest. War übrigens ein toller Urlaub. So einfach geht das aber im normalen Leben nicht? Das höre ich oft. Nicht weil es wahr wäre, sondern weil es »genial« ist.

Genialität der Simplizität

Lassen Sie mich eine steile These wagen: Die meisten Menschen scheitern nicht wegen Unvermögen, mangelnder Disziplin, aus technischen oder finanziellen Gründen oder weil irgendwer dagegen ist. Sie scheitern nicht, weil sie sich nicht genug anstrengen oder es sich zu einfach machen. Sie scheitern, weil sie es sich nicht einfach genug machen.

Ich möchte Ihnen die Genialität der Simplizität mit einem an Trivialität nicht zu überbietenden Schwank aus meiner Jugend nahebringen. Wir wollten eine Band gründen – wie alle 15-Jährigen, die damals etwas auf sich hielten. Und alle suchten nach geeigneten Bandmitgliedern. Da jeder Knabe in Hinblick auf den Abschleppfaktor bei heißen Bräuten entweder Gitarre spielen oder Frontmann sein wollte, waren Bassisten oder Schlagzeuger knapper gesät als nüchterne Groupies auf einem Stones-Konzert. In diesem Suchstadium blieben neun von zehn »Bands« hängen. Welcher Finger?

Daumen? Weil sie keinen Bassisten finden konnten? Könnte sein – doch dabei wird übersehen: Die fünf Finger sind interdependent (sonst wären sie nicht an einer Hand).

Mach mal!

Wenn Sie suchen und nichts finden (Daumen), suchen Sie noch zu kompliziert (Ringfinger). Komplexität wirkt auf die Wahrnehmung wie Scheuklappen. Wer es sich einfach macht, sieht mehr.

Franz, unser Frontmann, war (und ist) ein Spezialist in Sachen Simplifizierung. Außerdem war er damals Teenager und da fallen einem die banal-trivialen Lösungen praktisch altersbedingt zu. Irgendwann sagte er: »Mann, es dürfte doch nicht so schwierig sein, einen gut gebauten Jungen für den Bass zu finden!« Wir reagierten ratlos: Wieso gut gebaut? »Na, schaut doch mal die Bassisten an – die haben alle gut was auf den Rippen!«

Jeder Bandleader, jeder Produzent und Musikmanager hätte die Hände über dem Kopf zusammengeschlagen. Natürlich war dieses Suchkriterium geradezu absurd sachfremd! Aber es war einfach. Also gingen wir zu Andreas, damals einer der stattlichsten Kerle weit und breit. Er spielte bereits ein Instrument: Violine! Auch das schreckte uns nicht ab. Wir fragten einfach: »Du spielst doch sowieso schon ein Instrument. Also spiel doch bei uns den Bass!« Völlig irre Logik – aber er stimmte zu. Unsere Band war komplett. Nicht weil wir intensiver gesucht hätten als die anderen. Nicht weil wir die besseren Musiker gehabt hätten, sondern weil wir es uns einfacher machten als alle anderen. Das müsste ich mal Ihrem Chef erzählen?

Simpel ist nicht stressig genug

Die meisten Menschen und Organisationen unserer Zeit sind chronisch unsimpel. Sie sind überkomplex. Organisationen sind es, weil (fast) jeder seinen Individualnutzen maximiert und damit die Kollektivkomplexität aufbläht. Autoritätspersonen wie Eltern, Lehrer oder Vorgesetzte sind es, weil: Wenn es zu simpel ist, dann könnte es ja auch ein »ganz einfacher« Mitarbeiter oder das eigene Kind machen! Also wird es autoritätsgerecht verkompliziert (kein Vorwurf, dieser Prozess läuft unterbewusst – wobei beunruhigend ist, wie viel bei unseren Führungskräften unterbewusst abläuft).

Action Fact

Je heftiger eine(r) die Komplexität aufbläht, desto heftiger hat er/sie einen subjektiv empfundenen Mangel zu kompensieren. Komplexität ist eine Art Auto: je größer, desto besser – für den Statussüchtigen.

Komplexität ist zwar ein Produktivitätskiller, aber auch ein Statussymbol. Und wenn Produktivität mit Status konkurriert, gewinnt was?

Neulich erklärte mir ein entfernter Nachbar, wie unendlich kompliziert es sei, im Winter eine ebene und hindernisfreie Fläche von zwei mal zwei Metern vom Schnee zu befreien. Ich hätte fast gelacht und gefragt: »Was soll daran kompliziert sein?« Glücklicherweise erinnerte ich mich noch rechtzeitig der Komplexitätskompensation mancher Menschen und erwiderte: »Mann, da leisten Sie ja schier Übermenschliches!« Er strahlte übers ganze Gesicht. Wie jeder Mensch, der künstlich die Monster der Komplexität weckt, um sich danach als schwer schuftender Drachenbezwinger zu profilieren. Das Besondere am Action Manager ist: Er hat diese Ego-Krücke nicht nötig. Er beherrscht den aufrechten Gang. Er braucht Komplexität nicht wie der Junkie den nächsten Fix. Deshalb kann er die simple Lösung wählen – und reüssieren.

Klassiker gefällig? Ständig stöhnen Menschen: »Ich müsste mich mehr bewegen! Etwas für die Gesundheit tun! Aber ich finde einfach zu wenig Zeit!« Er oder sie findet die nötige Zeit nicht – nicht nach Feierabend im Fitness-Studio der Wahl, das außerdem noch vom eigenen Unternehmen bezuschusst wird und eine Sauna-Landschaft hat. Der Action Manager findet so ein Studio übrigens auch nicht – weil die aufgezählten Kriterien eine prohibitive Komplexität konstituieren. Der Action Manager hat eine gute Figur und eine ansprechende Fitness, nicht weil er ein überkomplexes Studio findet, das es nicht gibt, sondern weil er es sich einfach macht.

Er geht zum Beispiel wie Thomas B. in der Mittagspause in die spartanisch ausgestattete Muckibude um die Ecke und stemmt 20 Minuten das Eisen. Das reicht schon! Einfache Lösung. Selbst als das Rezept von Thomas sich bei Kolleginnen und Kollegen herumspricht, machen es ihm nur zwei von acht nach. Warum die restlichen nicht? Weil es zu einfach ist!

Es ist nicht kompliziert genug! Der Schlappmensch will keine Gesundheit – er will Stress. Der Schlappmensch will keine workable solution – er will die ultimative, perfekte, megalomane Lösung all seiner Probleme in Goldfolie gewickelt und mit dem Segen des Papstes. Wer nicht will, (er)findet Komplexität. Wer wirklich will, findet Wege. Ay, there's the rub, wie Hamlet sagen würde: Wer will schon wirklich?

Wer will schon wirklich?

Menschen lassen sehenden Auges Fitness, Gesundheit und Körper verfallen, bloß weil sie nicht das perfekte Studio finden? Warum?

»Wenn einer wirklich will, dann macht er das auch!«, sagt der Volksmund. Viele ahnen das und sagen: »Mir fehlt der nötige Wille! Mir mangelt es an Disziplin!« Oder: »Ich bin einfach nicht motiviert genug!« Sie verstehen nicht:

Action Fact

Motivation macht nicht immer zielführend Sinn – aber Sinn motiviert immer!

Wenn ich mir einen dicken Eisbecher dafür verspreche, dass ich heute Abend Joggen gehe, funktioniert die Motivation zwar – aber Sinn macht sie keinen. Was ich wegjogge, futtere ich mir mit dem Eisbecher wieder an. Wenn ich einen tieferen Sinn im Joggen erkenne, brauche ich solche Incentive-Krücken nicht.

Mach mal!

Fragen Sie nicht, wie Sie sich und andere motivieren können. Fragen Sie sich: Was habe ich davon? Wie wichtig ist mir das? Und ist mir Nichtstun oder eine hyperkomplexe Lösung wirklich wichtiger als mein eigentliches Ziel?

Ist das perfekte Fitness-Studio wirklich wichtiger als fit und gesund zu bleiben? Der Witz ist: Viele Menschen handeln unbewusst so. Perfektion schlägt Fitness. Status ist wichtiger als Gesundheit. Das ist verrückt?

Action Fact

Wer sich selbstschädigend verhält, ist nicht verrückt. Er ist sich lediglich seiner Werte nicht bewusst.

Deshalb ist die Frage auch sinnlos: Was ist der Sinn des Lebens? Das Leben kann überhaupt keinen Sinn haben. Der Sinn jedes einzelnen Lebens hängt vom Wertesystem jedes einzelnen Menschen ab. Aber solange man die eigenen Werte nicht erkennt, bleibt der Sinn des Lebens natürlich im Dunkeln – und die Motivation bleibt aus.

Ich muss zum Beispiel oft verhandeln. Neulich fiel mir das bei einem bestimmten Verhandlungspartner sehr schwer. Ich versuchte, mich zu motivieren: »Komm! Hintern hoch! Das schaffst du doch auch noch!« Das Übliche eben. Funktioniert das Übliche? Bei Ihnen etwa?

Zufällig fragte mich am selben Abend ein alter Kollege nach meiner Einschätzung eines Deals und fügte gleich hinzu: »... obwohl ich mir denken kann, was du als ehrliche Haut davon hältst!« Da fiel es mir wie Schuppen von den Augen: Ich tat mir mit diesem konkreten Verhandlungspartner deshalb so schwer, weil ich das Gefühl hatte, er schwindelt mich an und erwartet, dass auch ich ihm die Wahrheit zurechtbiege. Dagegen ist im Prinzip nichts einzuwenden – es verstößt nur leider eklatant gegen einen meiner zentralsten Werte. Sie kennen mich: Ich sage immer, was ich denke. Sobald ich absolute Aufrichtigkeit als einen meiner zentralen Werte wiedererkannte, beschloss ich, mit diesem Verhandlungspartner nur noch Tacheles zu reden und alle Karten auf den Tisch zu legen. Im selben Augenblick fiel mir ein Stein vom Herzen und meine Motivation war wieder da. Das ist der tiefere Sinn des Mittelfingers: Wer seine Werte lebt, macht immer Sinn.

Management ist Selbstmanagement

Managerinnen erziehen ihre Kinder mit fünf Fingern, Manager verbessern sich auf der Rangliste ihres Tennisclubs mithilfe der fünf Finger. Neulich sagte eine Gruppenleiterin: »Seit ich die fünf Finger praktiziere, rege ich mich im Stau nicht mehr auf. Ich sehe nicht nur den Zeitverlust, sondern die Gelegenheit zum Training meiner Selbstkompetenz. Ich beginne sofort mit der Tiefenatmung. Ich führe Telefonate. Ich erledige alles aus dem Auto heraus, was sich auf einfache Art und Weise erledigen lässt. Und wenn der Stau sich auflöst, bin ich nicht nur gut erholt, sondern habe sogar was weggeschafft!« Alle fünf Finger durchdekliniert. Das müssen Sie nicht.

Sie können sich in heiklen Situationen auch einfach nur an Ihrem stärksten Finger festhalten. Manche arbeiten mit ihren persönlichen Top 3: Wie es Ihnen beliebt! Die Methode ist universell anwendbar und bringt immer Fortschritt und Gewinn.

Langer Rede kurzer Sinn: Die fünf Finger sind ein Meta Modell. Generalisierbar. Universell einsetzbar. Setzen Sie es ein, wo immer Sie lustig sind! Und genießen Sie die Früchte.

Der Frust der Führungskräfte

»Durch fehlende strategische Planung finden sich im gegenwärtigen Wirtschaftsleben zu viele ›Reaction Manager‹ und zu wenige ›Action Manager‹. Und genau hier sehe ich das größte Problem, weil Manager keine weitreichenden Entscheidungen mehr treffen wollen oder können. Sie gehen den Weg des geringsten Widerstands. Reaction Manager sind die besten Kunden der Unternehmensberater!«

»Nein, man bekommt keine Anerkennung, wenn man was reißt! Vielmehr ruft Erfolg eine Menge Neider auf den Plan, die das Positive kritisieren, bekämpfen und getroffene Entscheidungen unterwandern.«

»Wenn du mit der Menge schwimmst, hast du die wenigsten Probleme.«

»Wenn du dich was traust, auf eigene Kappe etwas anpackst und es geht schief, fallen sie über dich her wie ein Rudel Wölfe.«

Wie viel Action verträgt die Welt?

»Am Anfang war die Tat.«

Johann Wolfgang von Goethe, Faust

»Das Firmengelände hier entstand in dreißig Monaten,
aber mit der Bürokratie haben wir elf Jahre gekämpft!«

Renzo Rosso, Chef von »Diesel«

Das Genovese-Syndrom

Das Buch begann mit einer Autopanne – beenden wir es mit einem Mord.

Am 13. März 1964 wurde Kitty Genovese, 28 Jahre, Managerin, in New York auf offener Straße von Winston Moseley erstochen. Kein Hit & Run: Die Bluttat dauerte unvorstellbar lange 30 Minuten. Genovese schrie im Todeskampf mehrfach um Hilfe. 38 Nachbarn hörten ihre Schreie. Keiner half – mit absolut stichhaltiger Begründung wie die *New York Times* einen Zeugen zitiert: »I didn't want to get involved.« – »Ich wollte mich nicht einmischen.« Das Motto unserer Tage, der T-Shirt-Spruch der modernen Zivilisation, auch als Genovese-Syndrom oder Bystander Effect bekannt. Und die Antwort auf die Frage: In welcher Welt leben wir eigentlich?

So schaut's aus. So macht das der Homo sapiens. Die einen schauen zu oder weg und die anderen tun was. Am Ende des Tages wird Sie jemand fragen, ob Sie zu den einen oder den anderen zählten …

»Immer wieder konnte ich sehen, dass der Erfolg in erster Linie von der inneren Einstellung (...) abhängt. Erfolgreiche waren durchweg der Überzeugung, dass sie Gestalter ihres Schicksals seien, während die Erfolglosen argumentierten, dass sie auf wesentliche Bestimmungsstücke ihres Schicksals, wie z. B. Herkunft, persönliche Eigenschaften, politische Bedingungen usw., keinerlei Einfluss hatten oder haben und dass sie somit für ihren Misserfolg nicht verantwortlich, sondern eher Opfer ihres Schicksals seien.«

Jens-Uwe Martens,
Leiter des Instituts für wissenschaftliche Lehrmethoden (IWL)

Ich kam, sah – und jammerte

Veni, vidi, vici. Cäsar kam, sah und siegte. Der moderne Mensch kommt, sieht und greint erst mal wie ein Baby nach der Nuckelflasche. Ich wette, das taten viele Bewohner des Hauses, in dem eine Rechtsanwältin praktiziert, die ich für die Prüfung einiger Schriftsätze konsultierte: Ihr Hinterhof war eine Müllkippe. Allen Nachbarn ein Dorn im Auge, aber: Grundbesitz der Kommune.

Während die inaktiven Nachbarn noch auf die Stadtverwaltung schimpften, rief die Anwältin dort an. Sinngemäß sagte ihr die Grundstückseigentümerin: »Das Grundstück gehört uns, das fällt in unsere Zuständigkeit – also ist es uns egal.« Das, was man üblicherweise von den Zuständigen in Verwaltung, Wirtschaft und Gesellschaft hört – bis runter zum Schulbuben: Eine Fünf in Mathe? Nicht mein Problem – der Lehrer ist schuld!

Die Anwältin hätte nun den Bystander machen und munter mitjammern können. Sie tat es nicht. Sie ließ selber den Müll entsorgen, den Boden umpflügen, einen Rasen anlegen und Buschrosen pflanzen. Kostenpunkt 5.000 Euro. Wenn sie diese Zahl hören, werden Menschen, die normalerweise in passiver Krampfstarre ihr Leben fristen, plötzlich sehr aktiv: »Was? So viel Geld? Ist die verrückt? Das ist Sache der Kommune! Die muss sich darum kümmern!« Das ist der moderne Mensch, die Krone der Schöpfung. Ein Lebewesen, das bei Auftauchen von etwas Müll im Hinterhof im Vollbesitz seiner geistigen und körperlichen Kräfte erst mal nach den »zuständigen Stellen« flennt. Es gibt politische Parteien, die ihr Wahlprogramm auf diesen Nanny-Staat abstellen – und Millionen Stimmen gewinnen. In Deutschland haben sie jüngst eine

Partei aus dem Bundestag gewählt, die glaubt, dass alle Menschen auch Selbstverantwortung hätten – wie absurd! Wie naiv! Wie europäisch!

»Italy is what happens when a country knows full well what its problems are but can't summon the discipline and will to fix them. It's what happens when political dysfunction grinds on and on and good governance becomes a mirage, a myth, a joke.«

Frank Bruni in The New York Times International Weekly vom 31.10.2013

Leistung wird bestraft

Ein Handelsunternehmen, 15 Niederlassungen, 15 Niederlassungsleiter. 14 von ihnen jammern: »Meine Mitarbeiter sind so passiv! Die Personalabteilung soll endlich mal brauchbare Leute einstellen!« So geht das seit Jahren. Vom 15. Niederlassungsleiter hat man in diesen Jahren nie etwas gehört.

Weder Klagen noch Personalanforderungen. Irgendwann wird das Headquarter misstrauisch: Warum meckern alle ständig, bloß der nie? Ein Blick in die Personalstatistik erhellt das Mysterium: Der Jammerverweigerer hat nix zu jammern! Der hält seit Jahren null Fluktuation! Der Vertriebsleiter wird neugierig (untypisch für Manager seiner Hierarchieebene, vgl. Kapitel »Hybris«). Er will es genau wissen.

Er fährt in die Musterniederlassung (untypisch, »Mach endlich!«: Abteilungsleiter verlässt Büro!). Nach zwei Minuten Gespräch ist das Rätsel gelöst und der Vertriebsleiter hat fast einen Infarkt: Der Niederlassungsleiter stellt (wir befinden uns in einem osteuropäischen Land) ausschließlich Verwandte und Bekannte ein. »Sind Sie wahnsinnig? Das geht nicht! Das ist absolut untragbar!«, tobt der Vertriebsleiter, der aus einem westeuropäischen Land stammt.

Der Action Manager bleibt gelassen: »Aha. Dass ich seit Jahren die besten Zahlen von allen Filialen habe, geht nicht? Dass ich null Fluktuation habe, ist untragbar? Darf ich Sie gegenüber der Geschäftsleitung zitieren?« Der Vertriebsleiter gibt lachend nach. Seine Musterniederlassung bricht weiterhin alle Rekorde. Da muss man aber ganz schön Eier in der Hose haben, um so mit einem Vorgesetzten umzuspringen? Nein.

Der Niederlassungsleiter sagt beim Glaserl Rotwein: »Mit so einer Truppe so einen gigantischen Erfolg und so ein fantastisches Arbeitsklima zu haben; dieses Vertrauen, diese Sicherheit, diese Erfolgserlebnisse – da vergessen Sie schnell die Meckereien der Neider. Auch Neid muss man sich verdienen!« So souverän müsste man erst mal sein?

Souveränität folgt Action

Viele sagen mir: »Wenn ich so souverän wie dieser Niederlassungsleiter wäre, würde ich mich so was auch getrauen!« Falsche Reihenfolge! So souverän wird niemand geboren. So souverän ist der 15. Niederlassungsleiter nicht, weil er 120 Kilo bei 115 Kilo reiner Muskelmasse auf die Kampfwaage bringt.

> **Mach mal!**
>
> Souverän *ist* man nicht. Souverän *wird* man, indem man sein Ding durchzieht – gegen alle Widerstände.

Das ist neu? Nein, das ist alt. Jahrhundertealt. So lange tobt dieser archetypische Konflikt. Ich meine damit nicht den Kampf zwischen Gute und Böse – den gibt es nur in Literatur und Kino.

> **Mach mal!**
>
> Der archetypische Konflikt des menschlichen Daseins tobt seit ewigen Zeiten zwischen Gesellschaft und Individuum.

Oder wie Jules Henry schon 1963 seinen Bestseller nannte: *Culture Against Man*. Welt gegen Mensch. Das Individuum will machen – die Gesellschaft will bremsen. Schon Zweijährige möchten den Inhalt der Zahnpastatube über alle Badfliesen verteilen – und dürfen nicht. Ist der Zweijährige ein Action Manager, beeindruckt ihn das nicht: Er drückt die Tube aus, wenn Mama gerade mit der besten Freundin telefoniert. Der Freund unserer jüngeren Tochter hat sich diese Resilienz bis heute bewahrt.

Er war lange Zeit Revenue Manager einer Hotelkette. Irgendwann war ihm das nicht genug. Er wollte sein eigenes Restaurant. Es gibt Kulturen, da hätte ihm jeder sofort für seine Eigeninitiative gratuliert. Nicht hier bei uns. Alle sagten: Restaurants gibt es doch schon wie Sand am Meer! Lass es!

Mach mal!

Wenn Kultur, Gesellschaft und Familie Ihnen Sperrfeuer geben, machen Sie was richtig. Genauer: Sie machen etwas Authentisches.

Der junge Gastronom verfolgte unbeirrt seinen Plan. Denn das, was er sich ausgedacht hatte, machte für ihn Sinn (Mittelfinger): ein Multi-Zielgruppen-Konzept. Während im einen Bereich des Restaurants die gehobene Klientel – Manager, Selbstständige, Freiberufler – mit Service vom Fach verköstigt wird, holen sich im anderen Bereich die SB-Gäste ihr Menü vom Büfett. Catering macht er auch. Dieses Konzept gab es so noch nirgendwo in seinem relevanten Markt. Inzwischen zählt er mit dem Catering zu den Branchenführern im Lande. Weil er sich nicht beirren ließ. Culture vs. Man: 0:1. Wer den Kampf aufnimmt, kann ihn gewinnen. Sollten Sie?

»Die wachsende Reglementierung ist für die Unternehmer (…) Gift. Die jagt uns aus dem Land. Wir gehen nicht nur ins Ausland, weil wir unseren Kunden näher sein wollen, sondern weil es dort leichter ist zu investieren. Wir haben bei Haver & Boecker in den vergangenen fünf Jahren in Deutschland 60 neue Mitarbeiter eingestellt – und im Ausland 350.

Reinhold Festge, Präsident des VDMA, am 19.10.2013 in der Süddeutschen Zeitung

Das Rilke-Kriterium

Sie wollen etwas bewegen, aber die Welt ist gegen Sie – sollen Sie den Kampf aufnehmen? Nein.

Nicht, wenn Sie so sind wie die meisten Menschen. Die meisten Menschen haben sich längst an die Kultur der Untätigkeit gewöhnt. Nicht nur gewöhnt: Sie tragen sie. Sie verehren sie, sie verteidigen sie. Es gingen nicht umsonst Hunderte Zoo-Besucher an diesem im Vorwort erwähnten kleinen blauen Renault vorbei: Tu bloß nichts! Es überhörten nicht umsonst 38 Ohrenzeugen die Todesschreie von Kitty Genovese: Verharre! Untätige lieben die Untätigkeit. Sie gibt ihnen Sicherheit und Orientierung. Sie ist ihnen Heimat und Religion. Wenn Sie so einem Menschen sagen, dass er endlich den Arsch hochkriegen und etwas bewegen soll, provozieren Sie entweder seinen Herzinfarkt, einen Culture Clash oder das typische Sperrfeuer (oder alles zusammen). Warum dann überhaupt Action machen? Warum sich nicht wie all die anderen auf den Rücken schmeißen und sich den Bauch kraulen lassen?

Mach mal!

Der Action Manager macht Action nicht, weil das opportun oder populär wäre (ist es nicht). Er macht Action, weil es aus ihm raus will!

Oder wie Rilke in seinem Brief an einen jungen Dichter schreibt:

»Dieses vor allem fragen Sie sich in der stillsten Stunde Ihrer Nacht: *muss* ich schreiben?«

Müssen Sie? Müssen Sie machen, bewegen, verändern, verbessern? Das ist die 10-Millionen-Dollar-Frage: Sind Sie so ein Mensch?

Wenn Sie nach einem ganzen Buch über diesen schicksalsträchtigen Drang immer noch bei der Stange geblieben sind (Glückwunsch! Dank!), kann ich Ihnen Brief und Siegel geben: Sie sind so eine(r)! Dann ist die Frage nicht: Sollen Sie Ihr Ding durchziehen oder nicht? Dann kann die Maxime Ihres Lebens nur lauten: Tu es! Und zur Hölle mit den Konsequenzen. Denn die schlimmste Konsequenz kann nicht schlimmer sein als die schlimmste Konsequenz von allen: sich selbst zu verleugnen.

Eine von zwölf

Wie sich herumgesprochen hat, habe ich jüngst den Wind Down einer großen Bank geleitet. Ich erinnere mich an den schicksalsschweren Tag, an dem ich die zwölf Führungskräfte der Bank zusammenrufen und sie über die Entscheidung der Nationalbank informieren musste. Elf ließen die Köpfe hängen.

Die Zwölfte, die Bereichsleiterin des Privatkundengeschäfts, sagte: »Das ist hart. Aber ich schlage vor, dass wir übers Wochenende einen Katalog für die

Fragen von Mitarbeitern und Kunden vorbereiten, auf der Homepage die Entscheidung der Nationalbank erklären und erst mal unser komplettes Werbematerial einziehen.« Die konsternierten Kolleginnen und Kollegen funkelten sie an: Wie kann sie nur? Wie kann sie es wagen, nicht in die kollektive Depression einzustimmen?

Action Fact

Die Comfort Zone des modernen Menschen heißt Depression. Komparativ: erlernte Hilflosigkeit. Superlativ: Burnout.

Überflüssig zu sagen: Ich war spontan begeistert von dieser Action Managerin. Heute gibt es ihr Privatkundengeschäft nicht mehr. Viele Mitarbeiter ihres Ressorts mussten wir leider entlassen – und die Action Managerin? Managt heute das Immobilienportfolio der Bank im Wert von 300 Millionen Euro – ohne jemals vorher etwas mit Immobilien am Hut gehabt zu haben. Warum? Weil sie den bestmöglichen Befähigungsnachweis geliefert hat: grace under pressure. Woher nahm sie den Mut in so einer trostlosen Situation? Falsche Frage, falsches Konzept:

Mach mal!

Über Mut reden meist nur die Mutlosen. Der Action Manager macht, was Sinn macht. Sinn ist der stärkste Mut!

Was wollen Sie wirklich?

Ein europäischer Konzern, eine Key-Account-Managerin. Über Nacht geht der Bereichsleiter Marketing der Landesgesellschaft. Der Vorstand fragt die Key-Accounterin: »Wollen Sie?« Sie sagt: »Dann würde ich zwei Hierarchieebenen überspringen!« Der Vorstand sagt: »Ja. Also?« Sie schläft eine Nacht drüber und sagt zu. Was ist ihre erste Amtshandlung? Was wäre die der meisten?

Logisch: Assistentin einstellen, Firmenwagen aussuchen, Büro einrichten und vier Wochen Status Analyse. Die neue Marketingchefin macht zunächst nichts davon. Als Erstes sagt sie ihrer Sekretärin: »Suchen Sie mir die 20 wichtigsten Persönlichkeiten des Landes aus Politik, Wirtschaft, Wissenschaft und Gesellschaft heraus. Machen Sie Termine.« Die Sekretärin fragt verblüfft: »Wozu?« Ihre Chefin sagt: »Das Übliche: Vorstellen, Kontaktaufnahme, Networking, Zugang zu den wichtigsten Institutionen unseres Landes bekommen und die Grundlage für informelle strategische Allianzen schaffen.«

Das Übliche? So denken nur Action Manager! Heute ist die Marketingleiterin eine der angesehensten und erfolgreichsten Persönlichkeiten des Landes. Sie ist eine begnadete Marketingleiterin. Aber im Grunde ist das zweitrangig. Erstrangig ist: Was wollen Sie? Wirklich?

Lass es raus!

Wer es in sich hat, soll es rauslassen. Oder wie die Amerikaner sagen: »If you've got it – flaunt it!« Wer wie Rilke spürt, dass er Action machen *muss*, soll sich um Gottes willen bloß nicht bremsen (lassen): Was raus will, muss raus! Ich garantiere Ihnen ein absolut fantastisches Leben. Das Leben der Pioniere, Abenteurer, Dichter, Denker, Entdecker und Forscher: Diese Menschen leben alle das, was aus ihnen raus will. Es ist das beste Leben, das man leben kann. Es vereint alles in sich, was das Leben lebenswert macht: Erfolg, Zufriedenheit, Erfüllung – und Moral.

Allerletzte Geschichte. Ein Action Manager bei einem großen Automobilhersteller (der aus purer Bescheidenheit nicht namentlich genannt wird), erzählte mir vom Chef eines rumänischen Importeurs (namentlich bekannt). Dieser Chef hatte eine super Verkäuferin. Irgendwann erkrankte sie schwer. Eine Zeitlang arbeitete sie noch von zu Hause aus, aber bald war jede Hoffnung verloren und es wurde klar, dass sie nie wieder ins Team zurückkehren würde. Doch wenn die Todkranke aus dem Fenster ihres Zimmers sah, stand vor dem Haus immer noch ihr Dienstwagen wie an jenen Tagen, an denen sie noch voll bei Kräften war.

Es muss gesagt werden, dass dies in einem Land geschah, in dem Dienstwagen nichts Selbstverständliches sind. Überdies war es nicht gerade ein Mittelklassewagen. Außerdem muss vermutet werden, dass irgendein nichtswürdiger Arsch mit MBA dem Chef ganz sicher die Kosten seiner Gnadentat irgendwann in Heller und Pfennig um die Ohren hieb. Den Chef tangierte das nicht. Unbeirrt ließ er den Wagen stehen. Die Spiegel waren längst geklaut, die Radkappen abgehebelt, aber der Wagen stand. Monatelang. Ein Monument der Menschlichkeit. Warum?

Der Chef meinte nur: »Sie führt einen Kampf, ich will sie darin unterstützen. Ich will ihr zeigen, dass wir sie nicht aufgeben.« Der Manager, der mir diese Geschichte erzählte, schließt mit den Worten: »Dass die Firma die Kosten für das Begräbnis übernahm und die Kollegen bei der Beerdigung waren, braucht, glaube ich, nicht extra erwähnt zu werden.« Warum hat der Chef das getan? Die Antwort ist einfach. Einfacher geht's nicht. Aber es ist eine Antwort, auf die nur ein Action Manager kommen kann.

Weil es das Richtige ist

Warum hat dieser Chef Mitarbeiter, die sich den Hintern für ihn aufreißen? Weil er keine hohlen Phrasen dreschen muss wie »Die Mitarbeiter sind unser wertvollstes Kapital« (vgl. Kapitel »Logorrhö«), sondern weil seine Taten lauter sprechen als jede Manager-Folklore. Diese Taten sagen: Hier ist ein Chef, der sich um dich kümmert und dir bis zum Tod die Treue hält. Da kann jedes Personalmarketing einpacken. Warum verbreiten sich solche Geschichten der ungebrochenen Tatkraft wie ein Lauffeuer in unseren trüben Zeiten?

Weil es solche Geschichten sind, die Geschichte schreiben. Mega-Deals, Mitarbeiter des Jahres, fetter Bonus, Beförderung? Seien wir ehrlich: In einem Jahr kräht kein Hahn mehr danach. Schon jetzt interessiert das doch keinen über den Dunst unseres Bekanntenkreises hinaus! Aber über den Chef des rumänischen Importeurs redet die Welt. Die Welt der Aufrechten, Tatkräftigen, der Helden unserer Tage. Ihm gehört unser Respekt, unsere ungeteilte Bewunderung. Weil er in einer Zeit, die das Falsche belohnt und die Falschen befördert, das Richtige tut. Weil er nicht fromme Reden schwingt oder nutzlos daneben steht, sondern weil er macht, wo andere furchtsam tatenlos zurückbleiben. Weil er kein modisches Management-Tool benutzt, sondern eine Grundhaltung lebt, die uns und der Welt Hochachtung abverlangt: Action Management kann man nicht *machen*, das muss man *sein*. Es ist kein Tool. Es ist eine geistige Grundhaltung, ein Ethos, eine Identität. Es ist nicht die Methode, die den Unterschied macht. Es ist der Mensch: Er lebt sein Ethos, er macht, er verändert die Welt. Treibend, bewegend, sinnerfüllt.

Mach!

Über den Autor

Klaus Schuster, MBA, hat in seinem Managerleben bis hinauf in höchste Vorstandsämter allerhand Mist erlebt. Deshalb schwingt er als Leiter seines eigenen Unternehmens inzwischen seit Jahren sozusagen mit berufener Hand die Mistgabel als Berater, Trainer und Executive Coach auf allen Hierarchieebenen und in allen Branchen. Zuletzt machte er durch eine in Europa bislang einmalige Augias-Aktion in leitender Funktion bei der geordneten Abwicklung eines mitteleuropäischen Bankhauses im Auftrag von Nationalbank und EU von sich reden. Im Redline Verlag sind von ihm bereits *11 Managementsünden, Der freche Vogel fängt den Wurm* und *Keinen Bock mehr?* erschienen.

Stichwortverzeichnis